Claudia Furejta, Cornelia Sanzenbacher

Mathematik

Realschule 9. Schuljahr

TRAINING

Klett Lernen und Wissen

Claudia Furejta ist Realschullehrerin für Mathematik und Biologie bzw. NWA in Baden-Württemberg. Sie bildet seit Jahren Referendare aus.
Cornelia Sanzenbacher ist Realschullehrerin für Mathematik und Musik in Baden-Württemberg. Sie ist seit vielen Jahren in der Lehrerfortbildung tätig.

Bibliographische Information Der Deutschen Bibliothek
Die Deutsche Bibliothek verzeichnet diese Publikation in der Deutschen Nationalbibliographie; detaillierte bibliographische Daten sind im Internet über http://dnb.ddb.de abrufbar.

Auflage 4. 3. 2. 1. | 2011 2010 2009 2008
Die letzten Zahlen bezeichnen jeweils die Auflage und das Jahr des Druckes.
Dieses Werk folgt der reformierten Rechtschreibung und Zeichensetzung.
Internetadresse: www.klett.de
Umschlaggestaltung: VIER FÜR TEXAS, Ideenwerk, Frankfurt/Main
Lektorat: Jürgen Grimm, Braunschweig
Zeichnungen: Naomi Fearn, Berlin: S. 33, 25, 102; Marlene Pohle, Stuttgart: S. 49, 94; Klett-Archiv, Eva Kronberg: S. 44
Bildnachweis: S. 67: Euro-Stücke, Europäische Zentralbank, Klett-Perthes (Gotha), Frankfurt
Grafische Zeichnungen: SMP Oehler, Remseck
Satz: SMP Oehler, Remseck
Druck: Mediahaus Biering GmbH, München
Printed in Germany.
ISBN: 978-3-12-927099-8

9 783129 270998

Vorwort

Liebe Schülerin, lieber Schüler,

dieses Übungsbuch hilft dir im Fach Mathematik fit zu werden. Du kannst es von Anfang bis Ende durcharbeiten oder dir einzelne Kapitel und Themen herausgreifen, die du für den Unterricht oder vor Klassenarbeiten ganz gezielt wiederholen möchtest.

Alle Kapitel sind gleich aufgebaut:

- **Wissen**
  In gelben Kästen sind Regeln, Erklärungen und Beispiele zum betreffenden Thema zusammengestellt. Hier wiederholst du, wie du immer wiederkehrende Probleme schrittweise nach einem bestimmten Schema lösen kannst und worauf du besonders achten musst.

- **Übungen**
  Hier legst du richtig los: Die Übungsaufgaben beginnen mit einfachen Rechenaufgaben und gehen in ihrem Schwierigkeitsgrad bis hin zu etwas umfangreicheren Anwendungsaufgaben. Diese Übungsaufgaben solltest du bis auf wenige Ausnahmen ohne Taschenrechner lösen. Das Beherrschen der Grundrechenarten ist nämlich eine wichtige Voraussetzung für gute Leistungen.

- **Tests und Checklisten**
  Am Ende jedes Kapitels kannst du in einem **Test** und mit einer **Checkliste** kontrollieren, ob du den Stoff wirklich beherrschst.

- **Lösungen**
  Ob du die Aufgaben richtig gelöst hast, kannst du im Lösungsteil am Ende des Buches nachschlagen. Hier findest du auch wichtige Angaben für den Lösungsweg.

Wir wünschen dir viel Erfolg und viel Spaß beim Lernen!

1 Potenzen

1.1 Potenzen

Bei vielen Berechnungen tauchen Multiplikationen mit gleichen Faktoren auf.

Das sind Potenzen

Eine Potenz ist die vereinfachte Darstellung eines Produktes aus gleichen Faktoren.

$a^n = \underbrace{a \cdot a \cdot a \cdot \ldots \cdot a}_{\text{n-mal}}$ $\qquad$ $a \cdot a \cdot a \cdot a \cdot a = a^5$

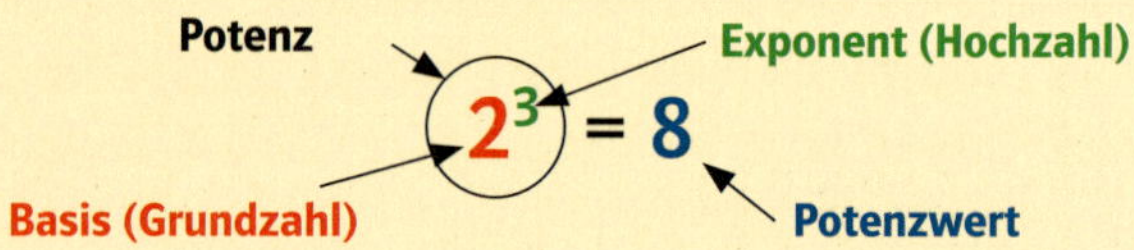

Potenzen mit dem Exponenten 2 sind dir als **Quadratzahlen** bekannt.
Beispiele:
$4^2 = 16$ $\qquad$ $25^2 = 625$

Potenzen mit dem Exponenten 3 nennt man **Kubikzahlen**.
Beispiele:
$4^3 = 64$ $\qquad$ $5^3 = 125$

Um Potenzen mit dem Taschenrechner zu berechnen, gibst du folgende Tastenfolge ein:
Beispiele:
7^4: [7] [y^x] [4] [=] 2401 $\qquad$ 17^2: [1] [7] [x^2] [=] 289

1
Schreibe folgende Produkte in der Potenzschreibweise.
a) $6 \cdot 6 \cdot 6 \cdot 6 \cdot 6$ b) $17 \cdot 17 \cdot 17$ c) $25 \cdot 5 \cdot 5$ d) $8 \cdot 4 \cdot 2$ e) $15 \cdot 5 \cdot 3$

2
Berechne folgende Potenzen mit dem Taschenrechner.
a) 13^5 b) 21^4 c) 270^3 d) $0{,}1^5$ e) 9^8 f) 20^3 g) 111^3 h) 51^4

3

Gib folgende Zahlen in der Potenzschreibweise an.
(Manchmal gibt es mehrere Lösungen).

a) 27 b) 400 c) 64 d) 125 e) 625 f) 225 g) 729 h) 512

Potenzieren von Brüchen

Bei Brüchen solltest du Zähler und Nenner getrennt potenzieren.

Beispiele:

$\frac{1}{25} = \frac{1}{5^2}$ $\left(\frac{2}{3}\right)^4 = \frac{2^4}{3^4} = \frac{16}{81}$

Manchmal kannst du vor dem Potenzieren kürzen.

Beispiel:

$\frac{6^4}{2^4} = \left(\frac{6}{2}\right)^4 = (3)^4 = 81$

Potenzieren von Dezimalzahlen

Meistens gibst du Dezimalzahlen zum Potenzieren in den Taschenrechner ein. Nur einfache Aufgaben rechnest du im Kopf.

Beispiele:

$(0{,}2)^2 = 0{,}2 \cdot 0{,}2 = 0{,}04$ $(0{,}13)^2 = 0{,}0169$

Erinnere dich an das Multiplizieren von Dezimalzahlen: zunächst nur die Ziffern $2^2 = 4$ potenzieren, dann die Summe der Kommastellen im Ergebnis abzählen $\Rightarrow 0{,}\mathbf{2} \cdot 0{,}\mathbf{2} = 0{,}\mathbf{04}$.

4

Potenziere die Brüche.

a) $\left(\frac{2}{3}\right)^4$ b) $\left(\frac{1}{5}\right)^3$ c) $\left(\frac{3}{7}\right)^2$ d) $\left(\frac{6}{9}\right)^5$

5

a) $\frac{6^3}{2^3}$ b) $\frac{28^3}{4^3}$ c) $\frac{144^4}{100^4}$ d) $\frac{7^2}{63^2}$

6

a) $(0{,}3)^2$ b) $(0{,}02)^3$ c) $(0{,}005)^3$ d) $(0{,}2)^5$ e) $(0{,}12)^2$ f) $(0{,}18)^2$

Potenzen mit negativer Basis

Bei Potenzen mit einer negativen Basis regelt sich das Vorzeichen nach dem Exponenten: **gerader Exponent** ⇒ **positives Ergebnis**
ungerader Exponent ⇒ **negatives Ergebnis**

Beispiele:

$(-2)^4 = +16$ $(-4)^3 = -64$

Potenzieren von Potenzen

Auch Potenzen lassen sich potenzieren.

Beispiele:

$(2^3)^2 = 2^3 \cdot 2^3 = 2^{3+3} = 2^6 = 2^{3 \cdot 2} = 2^6$

$8^3 = (2^3)^3 = 2^9 = 512$

7

Berechne die Potenzen mit negativen Basen.

a) $(-17)^2$ b) $(-7)^4$ c) $(-4)^5$ d) $(-0{,}1)^9$ e) $(-a)^6$ f) $(-2b)^3$

8

Ersetze die Buchstaben durch eine passende Zahl.

a) $2^x = 128$ b) $343 = x^3$ c) $324 = 18^y$ d) $(x)^3 = -216$

e) $\left(-\frac{x}{3}\right)^5 = -\frac{32}{y}$ f) $\frac{81}{225} = \left(\frac{x}{y}\right)^2$ g) $\left(\frac{3}{y}\right)^2 = \frac{x}{25}$

9

a) Wie viele Urgroßmütter hattest du?

b) Wie viele Generationen musst du zurückgehen, um 32 Ururur…-Großmütter zu zählen?

c) Wenn du für jede Generation 30 Jahre rechnest, wie viele weibliche Vorfahren hattest du seit 1680.

10

a) $(4^2)^2$ b) $(2^5)^2$ c) $(3^3)^2$ d) $(5^2)^2$ e) $(27)^2$

f) $(16)^3$ g) $((-3)^3)^2$ h) $((-4)^2)^3$ i) $(x^4)^3$ k) $(-2y^3)^4$

1.2 Potenzen mit gleicher Basis

So rechnest du mit Potenzen mit gleicher Basis

Potenzen mit gleicher Basis werden multipliziert, indem du ihre Exponenten addierst und die Basis beibehältst.

Beispiel:

$$2^3 \cdot 2^4 = \underbrace{2 \cdot 2 \cdot 2}_{\text{3-mal}} \cdot \underbrace{2 \cdot 2 \cdot 2 \cdot 2}_{\text{4-mal}} = \underbrace{2 \cdot 2 \cdot 2 \cdot 2 \cdot 2 \cdot 2 \cdot 2}_{\text{7-mal}} = 2^{3+4} = 2^7$$

Potenzen mit gleicher Basis lassen sich dividieren, indem du ihre Exponenten subtrahierst und ihre Basis beibehältst.

Beispiel:

$$3^6 : 3^4 = \frac{\cancel{3} \cdot \cancel{3} \cdot \cancel{3} \cdot \cancel{3} \cdot 3 \cdot 3}{\cancel{3} \cdot \cancel{3} \cdot \cancel{3} \cdot \cancel{3}} \underbrace{=}_{\text{gekürzt}} 3 \cdot 3 = 3^{6-4} = 3^2$$

1

Multipliziere und rechne aus.

a) $2^2 \cdot 2^4$ b) $5^3 \cdot 5$ c) $6^3 \cdot 6^2$ d) $3^4 \cdot 3^3$ e) $7^2 \cdot 7^2$ f) $4^3 \cdot 4^5$

2

Dividiere und rechne aus.

a) $3^7 : 3^4$ b) $7^5 : 7^3$ c) $9^6 : 9^5$ d) $6^{14} : 6^{12}$ e) $2^7 : 2^4$ f) $27^2 : 3^5$

3

Forme in Zweier- oder Dreierpotenzen um und rechne aus.

Beispiel: $8 \cdot 2^5 = 2^3 \cdot 2^5 = 2^8 = 256$

a) $16 \cdot 2^2$ b) $27 \cdot 3^2$ c) $32 \cdot 2^3$ d) $16 \cdot 4^2$ e) $81 \cdot 9$ f) $64 \cdot 4$

4

Multipliziere. Rechne aus, soweit möglich.

a) $x^2 \cdot x^3$ b) $2a^5 \cdot a^3$ c) $y^3 \cdot y^m$ d) $2b^4 \cdot 3b^7$ e) $(-2)^3 \cdot (-2)^5$

5

Dividiere. Rechne aus, soweit möglich.

a) $a^8 : a^3$ b) $4x^7 : 2x^2$ c) $27b^6 : 3b^2$ d) $a^n : a^3$ e) $12x^{m+2} : 4x^{m-2}$

1.3 Potenzen mit gleichen Exponenten

So rechnest du mit Potenzen mit gleichen Exponenten

Potenzen mit gleichen Exponenten werden multipliziert, indem du ihre Basen multiplizierst und den gemeinsamen Exponenten beibehältst.

$$a^n \cdot b^n = (ab)^n$$

Beispiel:

$2^5 \cdot 5^5 = (2 \cdot 5)^5 = 10^5 =$ **100 000**

So wird aus der schwierigen Aufgabe: $2^5 \cdot 5^5 = 32 \cdot 3125$ eine einfache Kopfrechnenaufgabe. Nutze solche Rechenvorteile aus.

Potenzen mit gleichen Exponenten werden dividiert, indem du die Basen dividierst und den gemeinsamen Exponenten beibehältst.

$$a^n : b^n = (a : b)^n$$

Beispiel:

$45^3 : 9^3 = (45 : 9)^3 = 5^3 =$ **125**

1

Berechne ohne Taschenrechner.

a) $4^2 \cdot 3^2$ b) $(0{,}5)^7 \cdot 4^7$ c) $\left(\frac{27}{35}\right)^4 \cdot \left(\frac{7}{9}\right)^4$

d) $(-1)^5 \cdot (-2)^5$ e) $4^2 \cdot (-250)^2$ f) $7{,}5^3 \cdot 4^3$

2

Berechne. Versuche ohne Taschenrechner auszukommen.

a) $72^4 : 24^4$ b) $108^3 : 36^3$ c) $(-164)^7 : (-82)^7$ d) $(-135)^4 : 27^4$

3

a) $\left(-\frac{2}{5}\right)^6 \cdot 10^6$ b) $\left(-\frac{15}{22}\right)^3 \cdot \left(\frac{33}{20}\right)^3$ c) $4^2 \cdot 4^3 \cdot (1{,}5)^5$ d) $6^{2x-1} \cdot 7^{2x-1}$

4

a) $\frac{(20vw)^5}{(10v)^5}$ b) $\frac{(a^2 + a)^2}{(a + 1)^2}$ c) $5^2 \cdot \frac{(5x - 15)^3}{(x - 3)^3}$ d) $\left(\frac{x^2 - 9}{x + 3}\right)^2$

1.4 Potenzen mit negativen Exponenten

Potenzen mit negativen Exponenten

Eine Potenz mit negativem Exponenten lässt sich in einen Stammbruch umschreiben, dessen Nenner die Potenz mit positivem Exponenten darstellt: $\mathbf{a^{-n} = \frac{1}{a^n}}$

Beispiel:

Dividiere die Zahl durch 3	Vermindere den Exponenten um 1
9	3^2
3	3^1
1	3^0
$\frac{1}{3}$	3^{-1}
$\frac{1}{9}$	3^{-2}

Am Beispiel der Dreierpotenzen kannst du ablesen, dass $3^0 = 1$ ist.

Potenzen mit dem Exponenten 0 sind immer 1: $a^0 = 1$

Beispiel:

$4^5 : 4^5 = \frac{4\cdot4\cdot4\cdot4\cdot4}{4\cdot4\cdot4\cdot4\cdot4} = 4^{5-5} = \mathbf{4^0 = 1}$

Dies gilt für alle Zahlen mit Ausnahme der Null als Basis.

1

Schreibe als Bruch.

a) 4^{-3} b) 5^{-2} c) 2^{-7} d) $\left(\frac{2}{3}\right)^{-2}$ e) $\left(-\frac{4}{5}\right)^{-2}$ f) $\frac{(8)^{-4}}{(12)^{-4}}$ g) $\frac{(2)^{-4}}{(3)^{-2}}$

2

Schreibe als Potenz mit negativem Exponenten.

a) $\frac{1}{27}$ b) $\frac{1}{125}$ c) $\frac{1}{343}$ d) $\frac{49}{27}$ e) $\frac{169}{144}$ f) $\frac{125}{45}$

3

Schreibe ohne Bruchstrich.

a) $\frac{1}{2x^2}$ b) $\frac{1}{x^{m+1}}$ c) $\frac{(2x)^{-3}}{(3y)^{-1}}$ d) $\left(\frac{2x}{3y}\right)^{-2}\cdot\frac{4x}{3y}$ e) $\left(\frac{x}{2y}\right)^{-3}:\frac{-4y^2}{x^3}$

4

Berechne mit dem Taschenrechner.

a) $4^{-3}\cdot3^4$ b) $2^5\cdot4^{-3}$ c) $7^{-3}:35^{-2}-\frac{4}{7}$ d) $5\cdot\frac{2^9}{16^2}-\frac{6^{-6}}{18^{-2}}\cdot\frac{3^2}{2^{-2}}$

1.5 Große und kleine Zahlen

Wie heißt die Zahl 10000000000000000000000000000000000000?

Zunächst gliederst du die Ziffern in Dreiergruppen. Beginne rechts.

10 000 000 000 000 000 000 000 000 000 000 000 000

Sextillion	10^{36}
Quintilliarde	10^{33}
Quintillion	10^{30}
Quadrilliarde	10^{27}
Quadrillion	10^{24}
Trilliarde	10^{21}
Trillion	10^{18}
Billiarde	10^{15}
Billion	10^{12}
Milliarde	10^{9}
Million	10^{6}
Tausender	10^{3}
Hunderter	10^{2}
Zehner	10^{1}
Einer	10^{0}

Die Zahl heißt 10 Sextillionen.

Darstellung großer Zahlen mithilfe von Zehnerpotenzen

Beispiel:

7 Millionen 465 Tausend = 7,465 Mio.

$$7\,465\,000 = \underbrace{7{,}465\,000}_{6\text{ Stellen}} \cdot 10^6 = 7{,}465 \cdot 10^6$$

Der Exponent der Zehnerpotenz richtet sich nach der Anzahl der Stellen hinter dem Komma.

Im Sprachgebrauch benutzt man bei Größenangaben häufig Vorsilben.

Beispiele:

Kilometer = 1000 m = $1 \cdot 10^3$ m
Megahertz = 1 000 000 Hz = $1 \cdot 10^6$ Hz
Gigabyte = 1 000 000 000 Byte = $1 \cdot 10^9$ Byte
Terajoule = 1 000 000 000 000 Joule = $1 \cdot 10^{12}$ Joule u.s.w.
Die Entfernung Erde – Sonne beträgt etwa 150 **Giga**meter.
Die Leistung eines Blitzes ist ca. 1 **Tera**watt.

1

Schreibe jeweils in Ziffern, in der Zehnerpotenzschreibweise oder in Worten.

a) 5 Millionen 67 Tausend
b) 5 Milliarden 24 Tausend
c) 21 Billionen 53 Milliarden 1 Million
d) 11 Billiarden 46 Billionen
e) 465 070 000
f) 312 050 200 000
g) 517 000 200
h) 8 360 570 000

Darstellung kleiner Zahlen mithilfe von Zehnerpotenzen

Kleine Zahlen, die zwischen 0 und 1 liegen, lassen sich als Zehnerpotenz mit negativem Exponenten darstellen.

Beispiele: $0{,}003\,57 = 3{,}57 \cdot 10^{-3}$ (3 Stellen) $\quad 0{,}000915 = 9{,}15 \cdot 10^{-4}$

Auch für kleine Größen benutzt man häufig entsprechende Vorsilben.

Beispiele:

Dezimeter	$0{,}1\,m = 1 \cdot 10^{-1}\,m$	(ein Zehntel)
Zentiliter	$0{,}01\,l = 1 \cdot 10^{-2}\,l$	(ein Hundertstel)
Millimeter	$0{,}001\,m = 1 \cdot 10^{-3}\,m$	(ein Tausendstel)
Mikrogramm	$0{,}000\,001 = 1 \cdot 10^{-6}\,g$	(ein Millionstel)
Nanosekunde	$0{,}000\,000\,001 = 1 \cdot 10^{-9}\,sec$	(ein Milliardstel)
Pikofarad	$0{,}000\,000\,000\,001 = 1 \cdot 10^{-12}\,F$	(ein Billionstel)
Femtogramm	$0{,}000\,000\,000\,000\,001 = 1 \cdot 10^{-15}\,g$	(ein Billiardstel)
Attometer	$0{,}000\,000\,000\,000\,000\,001 = 1 \cdot 10^{-18}\,m$	(ein Trillionstel)

Der Durchmesser eines Glühlampenfadens beträgt 1 Mikrometer $= 1 \cdot 10^{-6}\,m$.

Pocken-Viren haben eine Größe von 240 Nanometer $= 240 \cdot 10^{-9}\,m$.

Farad = Einheit der elektrischen Kapazität. (Verhältnis zwischen Elektrizitätsmenge und Spannung)

2

Gib in der Zehnerpotenzschreibweise an.

a) 0,000 9083 b) 0,000 00762 c) 0,000 034 d) 0,000 000 000 0175

3

Schreibe als ausgeschriebene Zahl.

a) $1{,}008 \cdot 10^{-5}$ b) $5{,}091 \cdot 10^{-3}$ c) $2{,}741 \cdot 10^{-7}$ d) $5{,}942 \cdot 10^{-6}$

4

Schreibe als Zehnerpotenz. Beachte die Bruchteilangabe.

a) 0,00312 tausendstel Meter b) 0,025 Millionstel Gramm

c) 275 Milliliter d) 5902 Nanosekunden

5

Welche Zahl musst du für x einsetzen?

a) $2 \cdot 10^{x-1} = 0{,}000\,02$ b) $10^3 \cdot 10^x = 0{,}000\,001$ c) $\frac{2^3}{10^x} = 0{,}000\,08$

1.6 Potenzgesetze

1. Potenzgesetz

Potenzen mit gleicher Basis werden multipliziert oder dividiert, indem man ihre Exponenten addiert oder subtrahiert und die gemeinsame Basis beibehält.

$a^m \cdot a^n = a^{m+n}$ $\quad$ $a^m : a^n = a^{m-n}$ $\quad$ **(a ≠ 0)**

Beispiele: $2^7 \cdot 2^4 = 2^{7+4} = 2^{11}$ $\quad$ $2^7 : 2^4 = 2^{7-4} = 2^3$

2. Potenzgesetz

Potenzen mit gleichen Exponenten werden multipliziert oder dividiert, indem man ihre Basen multipliziert oder dividiert und den gemeinsamen Exponenten beibehält.

$a^m \cdot b^m = (a \cdot b)^m$ $\quad$ $a^m : b^m = (a : b)^m$ $\quad$ **(b ≠ 0)**

Beispiele: $3^4 \cdot 2^4 = (3 \cdot 2)^4$ $\quad$ $3^4 : 2^4 = (3 : 2)^4$

3. Potenzgesetz

Potenzen werden potenziert, indem man die Exponenten multipliziert.

$(a^m)^n = a^{m \cdot n}$

Beispiel: $(2^3)^4 = 2^{3 \cdot 4} = 2^{12}$

Für alle a ≠ 0 und n ∈ N gilt: $a^{-n} = \frac{1}{a^n}$ und $a^0 = 1$

Beispiel: $2^{-2} = \frac{1}{2^2} = \frac{1}{4}$

Addition und Subtraktion

Potenzen können nur dann addiert oder subtrahiert werden, wenn Basis und Exponenten gleich sind.

Beispiele: $5^2 + 5^2 = 2 \cdot 5^2 = 2 \cdot 25 = \mathbf{50}$

$3^4 + 2 \cdot 3^4 = 3 \cdot 3^4 = 3^5 = \mathbf{243}$

$8^2 + 4^3 = (2^3)^2 + (2^2)^3 = 2^6 + 2^6 = 2 \cdot 2^6 = 2^7 = \mathbf{128}$

$6 \cdot 2^5 - 2^6 = 3 \cdot 2 \cdot 2^5 - 2^6 = 3 \cdot 2^{5+1} - 2^6 = 3 \cdot 2^6 - 2^6 = 2 \cdot 2^6 = 2^7 = \mathbf{128}$

1

a) $7^2 \cdot 7^3$ b) $25^3 : 25^2$ c) $5^3 \cdot 5^4$ d) $8^{12} : 8^9$

e) $(-3)^4 \cdot 3^2$ f) $(-4)^3 \cdot (-4)^2$ g) $-(8{,}1)^2 \cdot (-8{,}1)^2$ h) $0{,}13^5 : 0{,}13^3$

i) $32 \cdot 2^4$ k) $4^3 \cdot 3^3$ l) $(-2)^4 \cdot (-3)^4$

2

Wie groß ist x? Probiere.

a) $625 = 5^x$ b) $2187 = x^7$ c) $x = 18^3$ d) $97{,}65625 = 2{,}5^x$

3

„<" oder „>" ?

a) $(-3)^2 \ldots (-2)^3$ b) $\left(\frac{1}{3}\right)^2 \ldots \left(\frac{1}{4}\right)^2$ c) $(-0{,}2)^2 \ldots (0{,}5)^4$

4

Gib die Ergebnisse als Bruchzahl an.

a) $\left(\frac{2}{3}\right)^5$ b) $\left(\frac{3}{7}\right)^3$ c) $\left(-\frac{4}{5}\right)^3$ d) $\left(\frac{-5}{3}\right)^4$

5

a) $(0{,}2)^3$ b) $(1{,}1)^7$ c) $(0{,}03)^4$ d) $(-2{,}05)^8$

6

a) $-(-5)^3$ b) $-(-4)^6$ c) $(-(-2))^8$ d) $-(-5^3)$

7

a) $2^3 - 3^2 \cdot 2^3$ b) $7^3 + 3^7 \cdot 7^3$ c) $-4^3 \cdot 5^3 - (-6 \cdot 5)^3$

8

Vereinfache die Terme.

a) $\frac{256}{128}$ b) $\frac{81}{243}$ c) $\frac{32}{512}$ d) $\frac{3^6}{9^3}$ e) $\frac{8^3}{2^9}$

9

Suche für n die größtmögliche natürliche Zahl; $3^n < 10\,000$.
Probiere mit dem Taschenrechner.

10

Gib in Worten an: a) $4{,}76 \cdot 10^{12}$ b) $2{,}567 \cdot 10^3$ c) $0{,}004321 \cdot 10^9$

11

a) 2^{-7} b) $(7{,}5)^{-2}$ c) $\left(\frac{1}{3}\right)^{-4}$ d) $\left(\frac{2}{5}\right)^{-3}$

e) $\left(-\frac{3}{7}\right)^{-4}$ f) $\left(\frac{25}{28}\right)^{-3} \cdot \left(\frac{63}{75}\right)^{-3}$ g) $4 \cdot 2^5 = 2^7$ Begründe.

1

Berechne jeden Wert und ordne dann die Werte ihrer Größe nach. Verwende dazu das „<“ Zeichen.

Punkte: max.4

3^{-4} $(-3)^4$ -3^3 $(-4)^{-3}$ -3^4 $(-4)^3$

2

Schreibe die Zahlen in Potenzen um.

Punkte: max.2

a) 324 b) 512 c) 729 d) 216

3

Forme um und berechne falls möglich.

Punkte: max.4

a) $4a^3 \cdot 4a^2$ b) $(-20)^{3a} : 5^{3a}$ c) $\left(\frac{1}{4}\right)^2 \cdot \left(-\frac{1}{4}\right)^2$ d) $10^{12-x} : 10^{-x+7}$

4

Forme um.

Punkte: max.3

a) $\frac{a^4}{a^{-6}} \cdot a^{-9}$ b) $1 + \frac{a^8 - a^5}{a^5}$ c) $(5x^4 - 6xy^3)^2$

5

Schreibe als Zehnerpotenz.

Punkte: max.2

a) 382 000 b) 0,000 71
c) 18 500 000 d) 0,000 000 000 0275

6

Wie heißt die Zahl? Schreibe in Worten.

Punkte: max.2

a) $7{,}4 \cdot 10^6$ b) $3{,}5 \cdot 10^{-3}$ c) $1{,}207 \cdot 10^9$ d) $4{,}06 \cdot 10^{-5}$

7

Welche Zahl musst du für x einsetzen?

Punkte: max.3

a) $45^{x+9} = 1$ b) $3^{x-3} = \frac{1}{9}$ c) $10^{3+x} = 0{,}000\,01$

Gesamtpunkte: max.20

Aufgaben Nummer	erreichte Punktzahl von (...)	Lernerfolg	Lerneinheit abhaken ✓
1 2	_____ (4) _____ (2)	Wenn du die volle Punktzahl hast, dann kannst sicher mit dem Begriff Potenzen umgehen. Du darfst den Lernabschnitt abhaken.	1.1
3	_____ (4)	Wenn du in Aufgabe 3 alle vier Punkte erreicht hast, dann kannst du mit Potenzen multiplizieren und dividieren und darfst den Lernabschnitt abhaken.	1.2 1.3
4	_____ (3)	Wenn du für Aufgabe 4 alle Punkte erhalten hast, kannst du auch Potenzaufgaben mit Variablen lösen.	1.2 1.4
5 6	_____ (2) _____ (2)	Wenn du in den Aufgaben zu den Zehnerpotenzen alle Punkte erhalten hast, kannst du dir gratulieren und den Lernabschnitt abhaken.	1.5
7	_____ (3)	Aufgabe 7 stellt dir komplexe und schwierige Aufgaben zum Rechnen mit Potenzen. Wenn du alle drei Aufgaben richtig hast, dann darfst du dich den Wurzeln im nächsten Kapitel zuwenden.	1.6

15 – 20 Punkte	8 – 14 Punkte	0 – 7 Punkte
Prima, du hast diesen Lernabschnitt gut verstanden! Nun kannst du beim nächsten Lernabschnitt weiter machen.	Du hast viel gelernt, aber es könnte auch besser sein. Wiederhole die Lernabschnitte noch einmal, die in deiner Checkliste nicht abgehakt sind.	Es gibt bei dir noch viele Unsicherheiten. Du musst noch mehr üben! Wiederhole die Lernabschnitte noch einmal, die in deiner Checkliste nicht abgehakt sind.

2 Wurzeln

2.1 Quadratwurzeln

Quadratwurzeln benötigst du häufig in Aufgaben mit Flächeninhalten.

Das sind Quadratwurzeln

Wenn du zu einer Quadratzahl diejenige positive reelle Zahl suchst, die mit sich selbst multipliziert genau die Quadratzahl ergibt, dann suchst du die **Quadratwurzel** dieser Zahl.

Beispiel:

Ein Quadrat hat den Flächeninhalt 49 cm². Wie lang ist eine Seite?

$A = 49\,\text{cm}^2 = 7 \cdot 7$ oder $\sqrt{49} = 7$

Allgemein gilt für positive reelle Zahlen a und b: Wenn $\mathbf{a^2 = b}$ ist, dann wird a ($a \geqq 0$) als die Quadratwurzel von b bezeichnet, kurz $\mathbf{a = \sqrt{b}}$.

Bei Bruchzahlen ziehst du aus Zähler und Nenner die Wurzel und schreibst das Ergebnis als Bruch.

Beispiel:

$\sqrt{\frac{1}{16}} = \frac{\sqrt{1}}{\sqrt{16}} = \frac{1}{4}$ $\quad$ $\sqrt{\frac{28}{175}} = \sqrt{\frac{4}{25}} = \frac{2}{5}$

So ziehst du mit dem Taschenrechner die Wurzel

Beispiel:

$\sqrt{676} = 26$ $\quad$ Tippfolge: [6] [7] [6] [√x] [=] 26

1

Ziehe die Quadratwurzel (ohne Taschenrechner!).

a) $\sqrt{81}$ b) $\sqrt{36}$ c) $\sqrt{121}$ d) $\sqrt{144}$ e) $\sqrt{196}$ f) $\sqrt{324}$

2

Ziehe die Wurzel mithilfe des Taschenrechners.

a) $\sqrt{56{,}25}$ b) $\sqrt{729}$ c) $\sqrt{208\,849}$ d) $\sqrt{25\,265{,}8}$

3

Ziehe die Wurzel aus Bruchzahlen. Gib das Ergebnis als Bruch an.

a) $\sqrt{\frac{9}{25}}$ b) $\sqrt{\frac{225}{625}}$ c) $\sqrt{\frac{18}{98}}$ d) $\sqrt{\frac{75}{972}}$

2.2 Teilweise Wurzelziehen

So ziehst du teilweise die Wurzel

Wenn du die Zahl unter der Wurzel in ein Produkt zerlegen kannst, das eine Quadratzahl als Faktor hat, dann kannst du aus dieser die Wurzel ziehen. Den zweiten Faktor lässt du unter der Wurzel stehen.

Beispiel:

$\sqrt{27} = \sqrt{3 \cdot 9} = \sqrt{3} \cdot \sqrt{9} = \mathbf{3\sqrt{3}}$

1

Ziehe teilweise die Wurzel. Verfahre wie im Beispiel.

a) $\sqrt{80}$ b) $\sqrt{50}$ c) $\sqrt{63}$ d) $\sqrt{48}$ e) $\sqrt{32}$ f) $\sqrt{98}$

2

Vereinfache durch teilweise Wurzelziehen.

a) $\sqrt{12a^2b}$ b) $\sqrt{96x^2y^4}$ c) $\sqrt{54x^3}$ d) $\sqrt{\frac{192a^2b^3}{3}}$

3

Rechne vorteilhaft. Beispiel: $\sqrt{0{,}16} = \sqrt{\frac{16}{100}} = \frac{4}{10} = 0{,}4$

a) $\sqrt{0{,}36}$ b) $\sqrt{0{,}81}$ c) $\sqrt{0{,}0025}$ d) $\sqrt{0{,}0121}$

4

Rechne Zähler und Nenner getrennt. Kannst du kürzen?

a) $\sqrt{\frac{5}{45}}$ b) $\sqrt{\frac{100}{144}}$ c) $\sqrt{\frac{48}{192}}$ d) $\sqrt{\frac{72}{450}}$

5

a) $\sqrt{\frac{192a^2b^3}{243b^5}}$ b) $\sqrt{\frac{60x^4y^5}{135x^2y^4}}$ c) $\sqrt{(3x-4y)^2}$ d) $\sqrt{9x^2-1}$

6

Ein Rechteck hat die Seiten a = 27 cm und b = 12 cm. Wie lang sind die Seiten eines flächengleichen Quadrats?

2.3 Rechnen mit Wurzeln

Addition und Subtraktion

Wurzeln, die gleiche Zahlen unter der Wurzel haben, dürfen addiert oder subtrahiert werden. Du wendest dazu das Distributivgesetz an.

Beispiele:

$\sqrt{3} + \sqrt{3} + \sqrt{3} = (1 + 1 + 1) = \mathbf{3\sqrt{3}}$

$4\sqrt{5} + 3\sqrt{5} - 5\sqrt{5} = (4 + 3 - 5) \cdot \sqrt{5} = \mathbf{2\sqrt{5}}$

$\sqrt{a} + \sqrt{a} = \mathbf{2\sqrt{a}}$; aber: $\sqrt{a} + \sqrt{b}$ lässt sich **nicht addieren.**

Multiplikation und Division

Wurzeln werden multipliziert oder dividiert, indem du die Zahlen unter der Wurzel multiplizierst oder dividierst.

Beispiele:

$\sqrt{8} \cdot \sqrt{18} = \sqrt{8 \cdot 18} = \sqrt{144} = \mathbf{12}$

$\sqrt{24} : \sqrt{6} = \sqrt{24 : 6} = \sqrt{4} = \mathbf{2}$

$\sqrt{a} \cdot \sqrt{b} = \sqrt{a \cdot b}$ und $\sqrt{a} : \sqrt{b} = \sqrt{a : b}$

1

Addiere und subtrahiere. Berechne den Term ohne TR.

a) $4\sqrt{16} + \sqrt{16}$ b) $17\sqrt{49} - 13\sqrt{49}$ c) $2{,}7\sqrt{a} + 3{,}3\sqrt{a}$

2

Multipliziere zuerst, bevor du die Wurzel ziehst.

a) $\sqrt{5} \cdot \sqrt{20}$ b) $\sqrt{14} \cdot \sqrt{56}$ c) $\sqrt{8} \cdot \sqrt{32}$ d) $\sqrt{15} \cdot \sqrt{60}$

3

Dividiere zuerst, bevor du die Wurzel ziehst.

a) $\sqrt{125} : \sqrt{5}$ b) $\sqrt{343} : \sqrt{7}$ c) $\sqrt{578} : \sqrt{2}$ d) $\sqrt{612} : \sqrt{17}$

4

Rechne vorteilhaft.

a) $\sqrt{21} : \sqrt{5{,}25}$ b) $\sqrt{196} : \sqrt{49}$ c) $\sqrt{9{,}375} : \sqrt{1{,}5}$ d) $\sqrt{324} : \sqrt{64}$

5

Vereinfache. a) $\frac{\sqrt{5a}}{\sqrt{a}}$ b) $\frac{\sqrt{45x}}{\sqrt{5x}}$ c) $\frac{\sqrt{4x - 12y}}{\sqrt{x - 3y}}$ d) $\frac{\sqrt{a^2 - b^2}}{\sqrt{a - b}}$

2.4 Umformen von Wurzeltermen

So kannst du den „Nenner rational machen"

Du formst durch Erweitern den Nenner so um, dass er keine Wurzel mehr enthält.

Beispiel:

$\frac{e}{\sqrt{3}} = \frac{e \cdot \sqrt{3}}{\sqrt{3} \cdot \sqrt{3}} = \frac{e \cdot \sqrt{3}}{3}$ | erweitern mit $\sqrt{3}$

1

Mache den Nenner rational.

a) $\frac{4}{\sqrt{7}}$ b) $\frac{\sqrt{2}}{\sqrt{3}}$ c) $\frac{3\sqrt{2}}{\sqrt{3}}$ d) $\frac{5}{\sqrt{15}}$ e) $\frac{10}{3\sqrt{2}}$ f) $\frac{4a}{\sqrt{2}}$

Nun hast du alle „Tricks" wiederholt, die du brauchst, um Terme mit Wurzeln leicht zu berechnen oder zu vereinfachen.

2

a) $\frac{2a}{\sqrt{2}}$ b) $\frac{9e}{\sqrt{3}}$ c) $\frac{2a\sqrt{3}}{\sqrt{2}}$ d) $\frac{2a+1}{\sqrt{2}}$ e) $\frac{6(b-1)}{\sqrt{2}}$ f) $\frac{\sqrt{3}-\sqrt{2}}{\sqrt{2}}$

3

Forme so weit wie möglich um.

a) $e\sqrt{3} + 2e\sqrt{3}$ b) $e\sqrt{3} + 2e\sqrt{2}$ c) $e\sqrt{3} + 2e\sqrt{6}$

d) $\frac{1}{4}e\sqrt{3} + \frac{1}{2}e\sqrt{3}$ e) $\frac{e}{5}\sqrt{2} + e\sqrt{8}$ f) $e\sqrt{3} - e(\sqrt{3} - 1)$

g) $\frac{e}{3}\sqrt{3} + \frac{e}{2}\sqrt{27}$ h) $(2 - \sqrt{3})^2$ i) $(\sqrt{5} + \sqrt{10})^2$

k) $(2\sqrt{3} - 4\sqrt{2})^2$ l) $2e\sqrt{3} \cdot \frac{1}{2}e\sqrt{2}$ m) $\frac{e^2}{6}\sqrt{3} + \frac{e^2}{2}\sqrt{3}$

n) $\sqrt{\left(\frac{2}{3}e\sqrt{3}\right)^2 + e^2}$ o) $\sqrt{\left(\frac{5}{4}a\right)^2 - \left(\frac{1}{2}a\sqrt{2}\right)^2}$

4

Löse die Doppelbrüche.

a) $\frac{\frac{3}{4}e\sqrt{48}}{\frac{1}{4}\sqrt{3}}$ b) $\frac{\frac{e}{3}\sqrt{3} \cdot \sqrt{6}}{\frac{1}{2}\sqrt{2}}$ c) $\frac{\frac{2}{3}e\sqrt{3}}{\frac{e}{3}\sqrt{21}}$

Rechnen mit Doppelbrüchen: Zählerbruch mit dem Kehrbruch des Nennerbruchs multiplizieren.

2.5 Höhere Wurzeln

Wenn du das Volumen eines Würfels kennst und willst seine Seitenlänge wissen, dann musst du die 3. Wurzel ziehen, da $V = a^3$.

So bestimmst du höhere Wurzeln

Die Umkehrrechnung zum Potenzieren ist das Wurzelziehen.

Kubikwurzeln: $\sqrt[3]{a \cdot a \cdot a} = a$

n – te Wurzeln: $\sqrt[n]{a^n} = a$

Beispiele:

$\sqrt[5]{a^5} = a$ $\qquad$ $\sqrt[7]{128} = \sqrt[7]{2^7} = \mathbf{2}$

Teilweise Wurzelziehen

Du zerlegst die Zahl unter der Wurzel in ein Produkt, bei dem mindestens ein Faktor eine Kubikzahl ist.

Beispiele:

$\sqrt[3]{81} = \sqrt[3]{3 \cdot 27} = \mathbf{3 \cdot \sqrt[3]{3}}$ $\qquad$ $\sqrt[3]{a^5} = \sqrt[3]{a^3 \cdot a^2} = \mathbf{a \cdot \sqrt[3]{a^2}}$

1

Bestimme die Kubikwurzeln.

a) $\sqrt[3]{8}$ b) $\sqrt[3]{125}$ c) $\sqrt[3]{512}$ d) $\sqrt[3]{729}$

e) $\sqrt[3]{8a^3}$ f) $\sqrt[3]{27x^6y^3}$ g) $\sqrt[3]{343x^2}$

2

Löse die Gleichungen.

a) $r^3 = 15{,}625$ b) $a^3 = 512$ c) $x^3 = 3{,}375$ d) $b^3 = 157{,}464$

3

Löse die Gleichungen.

a) $x^3 = 729$ b) $(y + 1)^3 - 216 = 0$

c) $(1 + x)^9 = 512$ d) $x^5 = 32^4$

Mit dem TR verwendest du die Tastenfolge [×] [2nd] [y^x] [n] [=] oder bei der 3. Wurzel: [×] [2nd] [y^x] [3] [=]

Bei manchen TR verwendest du statt [2nd] die Taste [inv].

Beispiel:
$\sqrt[4]{81}$: Tippfolge: [8] [1] [2nd] [y^x] [4] [=] 3

4

Berechne mit dem Taschenrechner.

a) $\sqrt[7]{128}$ b) $\sqrt[5]{7{,}59375}$ c) $\sqrt[6]{2{,}985984}$ d) $\sqrt[4]{39{,}0625}$
e) $\sqrt[8]{0{,}00390625}$

5

Berechne mit dem Taschenrechner. Runde auf 4 Nachkommastellen.

a) $\sqrt[3]{36} \cdot \sqrt{18}$ b) $\sqrt[7]{3{,}7} \cdot \sqrt[4]{882}$ c) $\sqrt[4]{10} : \sqrt[5]{10}$ d) $\frac{\sqrt[3]{5}}{\sqrt[5]{6}}$
e) $\frac{\sqrt[3]{0{,}008}}{\sqrt[4]{0{,}073}}$

2.6 Lösen von Sachaufgaben

So löst du Sachaufgaben mit Wurzeltermen

1. Lies den Text sorgfältig durch.
2. Zeichne Skizzen oder lege Tabellen an, welche dir helfen können, die Informationen aus dem Text zu ordnen und eine Strategie zum Lösen der Aufgabe zu entwickeln.
3. Benenne die gesuchte Größe mit einer Variablen, z. B. x.
4. Stelle einen Rechenterm auf.
5. Überprüfe deine Lösung am Text der Aufgabe.

Beispiel:
Die Oberfläche eines Würfels beträgt $144\,cm^2$.
Berechne die Länge der Seitenkanten.
Lösung:
Die gesuchte Länge der Seitenkanten sei x.
Die Oberfläche besteht aus 6 Quadraten mit der Seitenlänge x.
Jedes Quadrat hat den Flächeninhalt $A = x^2$.
Die Oberfläche berechnet sich also mit dem Term

$$6 \cdot x^2 = 144 \quad | :6$$

Löse nun den Term nach x auf:

$$x^2 = 144:6$$
$$x^2 = 24 \quad | \sqrt{}$$
$$x = \sqrt{24} = 2\sqrt{6}$$

Die Kantenlänge ist $2\sqrt{6}$ cm, also etwa 4,9 cm lang.

1

Der Körper setzt sich aus gleichgroßen Würfeln zusammen. Seine Oberfläche beträgt $137{,}50\,cm^2$.
Wie groß sind die Kantenlängen der einzelnen Würfel?

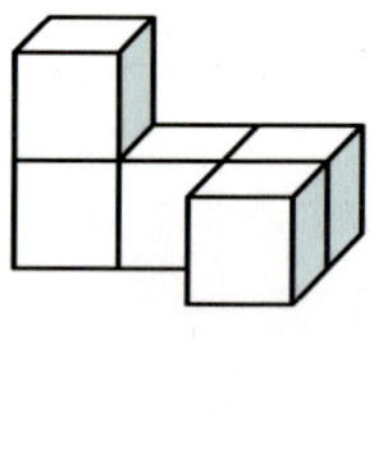

2

Das T ist aus gleichgroßen Würfeln zusammengesetzt. Die Oberfläche der gesamten Figur beträgt $1920\,cm^2$.
Wie groß ist das Volumen des Körpers?

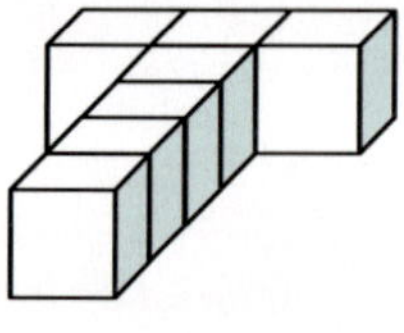

3

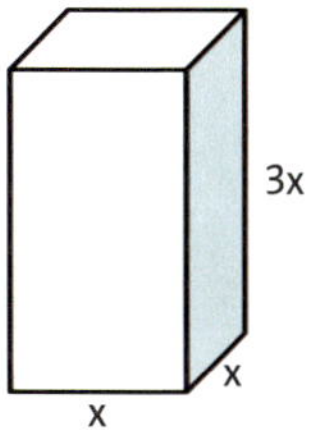

a) Die Oberfläche des Quaders beträgt 350 e^2. Berechne die Längen der Grundkanten x und die Höhe des Quaders.
b) Wie verändern sich die Kantenlängen (in Abhängigkeit von e), wenn man die Oberfläche verdoppelt?

4

Ein quadratisches Baugrundstück hat eine Fläche von 992,25 m^2. An zwei Grundstücksseiten, die aneinander stoßen, sollen Tannen im Abstand von 4,5 m gepflanzt werden. Wie viele Tannen braucht man?

5

Frieders Papa ist Mathematikprofessor und stellt ihm oft knifflige Fragen. „Wenn ich vor 10 Jahren aus meinem Alter die Wurzel gezogen hätte, dann wäre dein heutiges Alter herausgekommen.“
Frieder ist 5 Jahre alt. Wie alt ist sein Vater?

6

Die Ecken des gelben Quadrats liegen in den Seitenmitten des roten Quadrats. Die Ecken des blauen Quadrats liegen in den Seitenmitten des gelben Quadrats.
Der Flächeninhalt des roten Quadrats beträgt 64 cm^2. Wie groß sind die Seitenkanten der drei Quadrate?

1

Ziehe die Wurzel.

Punkte: max.2

a) $\sqrt{81a^2}$ b) $\sqrt{169x^4}$ c) $\sqrt[3]{27b^3}$ d) $\sqrt[5]{100\,000}$

2

Ziehe teilweise die Wurzel.

Punkte: max.4

a) $\sqrt{288}$ b) $\sqrt[3]{250}$ c) $\sqrt{32ab^2}$ d) $\sqrt{e^2 - \frac{1}{4}e^2}$

3

Gib die Lösungen als Bruchzahlen an.

Punkte: max.3

a) $\frac{\sqrt{81}}{\sqrt{144}}$ b) $\frac{\sqrt{7a^2}}{\sqrt{63a^2}}$ c) $\frac{\sqrt{90x}}{\sqrt{5x}}$

4

Vereinfache die Wurzelterme.

Punkte: max.3

a) $3\sqrt{4a} + 5\sqrt{4a} - 7\sqrt{4a}$ b) $\sqrt{12a} \cdot \sqrt{3a}$ c) $\sqrt{27x^3} : \sqrt{3x}$

5

Forme die Wurzelterme so um, dass keine Wurzel im Nenner steht.

Punkte: max.3

a) $\frac{4 - e}{\sqrt{3}}$ b) $\frac{3\sqrt{6}}{\sqrt{2}}$ c) $\frac{1 - \sqrt{7}}{\sqrt{7}}$

6

Vereinfache

Punkte: max.3

a) $(\sqrt{3} - \sqrt{6})^2$ b) $(4\sqrt{2a} - \sqrt{a})^2$ c) $\frac{\sqrt{9x^2 - 16y^2}}{\sqrt{3x + 4y}}$

7

Wie groß ist die Seitenkante eines Quadrats, das denselben Flächeninhalt hat wie ein Trapez mit a = 4e; c = 2e; h = 3e?

Punkte: max.2

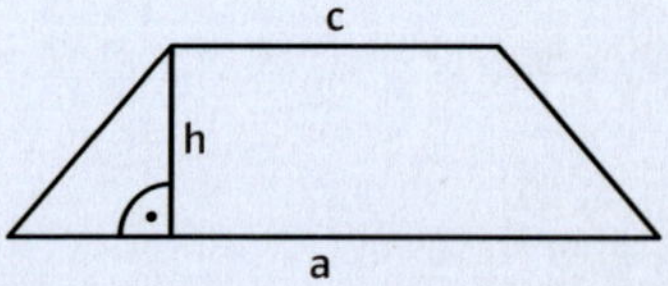

Gesamtpunkte: max.24

Aufgaben Nummer	erreichte Punktzahl von (...)	Lernerfolg	Lernein-heit abha-ken ✓
1 3	_____ (2) _____ (3)	Wenn du die volle Punktzahl hast, dann kannst du sicher mit Wurzeln umgehen und kannst auch mit Wurzeln in Brüchen rechnen. Du darfst den Lernabschnitt abhaken.	2.1
2	_____ (4)	Wenn du in Aufgabe 2 alle Punkte erreicht hast, dann sind dir auch Kubikwurzeln und n-te Wurzeln vertraut und du beherrschst das teilweise Wurzelziehen. Du darfst die beiden Lernabschnitte abhaken.	2.2 2.5
4 5 6	_____ (3) _____ (3) _____ (3)	Diese drei Aufgaben setzen viele Grundkenntnisse voraus, die in den drei angegebenen Kapiteln behandelt werden. Wenn du alle Punkte erreicht hast, dann hake sie ab.	2.2 2.3 2.4
7	_____ (2)	Du kannst Testaufgaben mithilfe von Wurzelrechnungen lösen, wenn du diese Aufgabe richtig gelöst hast.	2.6

15–20 Punkte	8–14 Punkte	0–7 Punkte
Prima, du hast diesen Lernabschnitt gut verstanden! Nun kannst du beim nächsten Lernabschnitt weiter machen	Du hast viel gelernt, aber es könnte auch besser sein. Wiederhole die Lernabschnitte noch einmal, die in deiner Checkliste nicht abgehakt sind.	Es gibt bei dir noch viele Unsicherheiten. Du musst noch mehr üben! Wiederhole die Lernabschnitte noch einmal, die in deiner Checkliste nicht abgehakt sind.

3 Quadratische Gleichungen und Funktionen

3.1 Rein quadratische Gleichungen

So kannst du rein quadratische Gleichungen lösen

Du bringst die rein quadratische Gleichung auf die Form $\mathbf{x^2 = a}$ und ziehst dann auf beiden Seiten die Wurzel.

Beispiele:

$3x^2 - 17 = 91 \quad | +17$

$3x^2 = 108 \quad | :3$

$x^2 = 36 \quad | \sqrt{\ }$

$x_1 = +6;\ x_2 = -6$

Die Lösungsmenge ist **L = {6; −6}**.

$4x^2 + 317 = 61 \quad | -317$

$4x^2 = -256 \quad | :4$

$x^2 = -64 \quad | \sqrt{\ }$

Es gibt keine Lösung, da du aus einer negativen Zahl nicht die Wurzel ziehen kannst, also **L = { }**.

Beachte: Die Gleichung $x^2 = 0$ hat die einzige Lösung $x = 0$.

1

Löse die Gleichung.

a) $2x^2 = 18$ b) $4x^2 - 100 = 0$ c) $x^2 - 1{,}69 = 0$

d) $x^2 = \frac{8}{18}$ e) $\frac{1}{5}x^2 + \frac{2}{5} = \frac{9}{20}$ f) $x^2 + \frac{48}{123} = 0$

2

Runde die Lösung auf zwei Nachkommastellen.

a) $x^2 = 12$ b) $x^2 - 5{,}8 = 0$ c) $4x^2 = 27$ d) $x^2 - 7 = 46$

3

Berechne den Wert für x.

a) $2x^2 - 37 = 61$ b) $\frac{1}{4}x^2 - 1\frac{1}{4} = 2\frac{3}{4}$ c) $3x^2 + 4x + 2 = 10 - 5x^2 + 4x$

4

Forme um und löse.

a) $x^2 + 12x - 26 - 5x = 49 + 3x - 3x^2 + 4x + 25$

b) $(2x + 1)^2 - 60 = 2x(4 - x) - (x + 2)(x - 2) - 4x$

3.2 Quadratische Funktionen

Das Schaubild einer quadratischen Funktion mit der Gleichung $y = 1 \cdot x^2$ ist eine nach **oben** geöffnete **Normalparabel**.
Die y-Achse ist die Symmetrieachse.
Den **tiefsten** Punkt S(0 | 0) nennt man **Scheitelpunkt**, kurz Scheitel.
Die Normalparabel berührt die x-Achse im Punkt S(0 | 0), der damit auch **Nullstelle** ist.

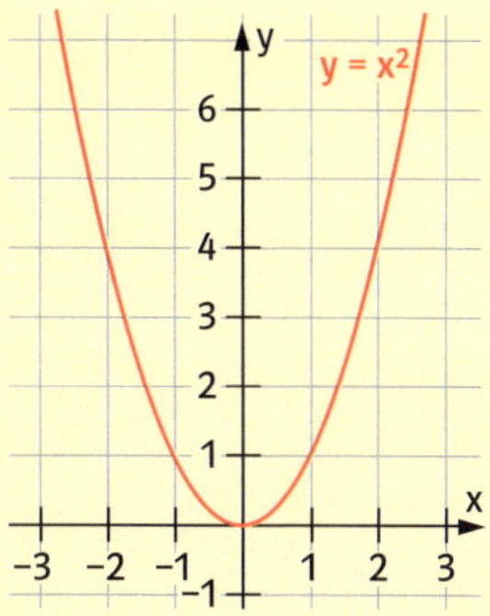

*Die **1** lässt man meistens weg. So heißen die Gleichungen $y = x^2$ oder $y = -x^2$.*

Wertetabelle für $y = x^2$

x	−3	−2,5	−2	−1,5	−1	−0,5	0	0,5	1	1,5	2	2,5	3
y	9	6,25	4	2,25	1	0,25	0	0,25	1	2,25	4	6,25	9

Das Schaubild einer quadratischen Funktion mit der Gleichung $y = -1 \cdot x^2$ ist eine nach **unten** geöffnete Normalparabel.
Die y-Achse ist Symmetrieachse.
Den **höchsten** Punkt nennt man Scheitel S(0 | 0).
Sie berührt die x-Achse im Punkt S(0 | 0), der Nullstelle.

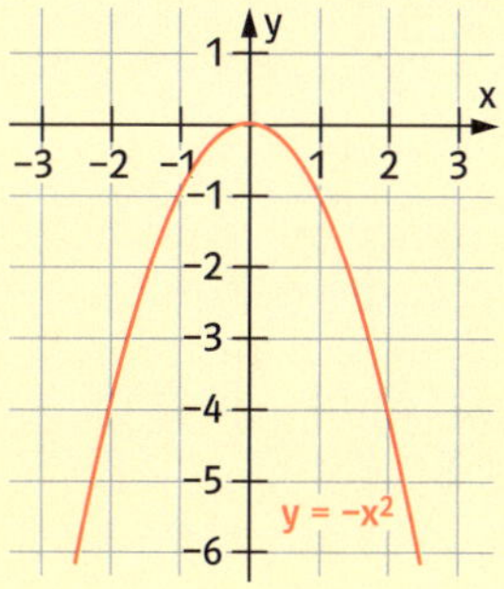

Für Normalparabeln gibt es Schablonen, die das Zeichnen erleichtern. Die Einheit deines Koordinatensystems muss dann 1 cm betragen.

Wertetabelle für $y = -x^2$

x	−3	−2,5	−2	−1,5	−1	−0,5	0	0,5	1	1,5	2	2,5	3
y	−9	−6,25	−4	−2,25	−1	−0,25	0	−0,25	−1	−2,25	−4	−6,25	−9

1

Zeichne eine Normalparabel der Form $y = x^2$ in ein Koordinatensystem mit 1 LE = 2 cm. Lies aus der Zeichnung die fehlenden Werte ab.

a) A(0,75 | ■) b) B(−1,6 | ■) c) C(■ | 1,5) d) D(■ | 3,25)

2

Zeichne eine Normalparabel der Form $y = x^2$ mit 1 LE = 0,5 cm.
Lies aus der Zeichnung die fehlenden Werte ab.

a) E(4,5 | ■) b) F(−6,5 | ■) c) G(■ | 30) d) F(■ | 12)

Parabeln der Form $y = ax^2$ $(a \neq 0)$

Sie haben einen engeren oder weiteren Kurvenverlauf als Normalparabeln.
Ist $|a| < 1$, dann ist sie weiter als eine Normalparabel.
Ist $|a| > 1$, dann ist sie enger als eine Normalparabel.
Du kannst sie folglich nicht mit einer Schablone zeichnen, sondern du musst für sie jeweils eine Wertetabelle erstellen.

Beispiele:

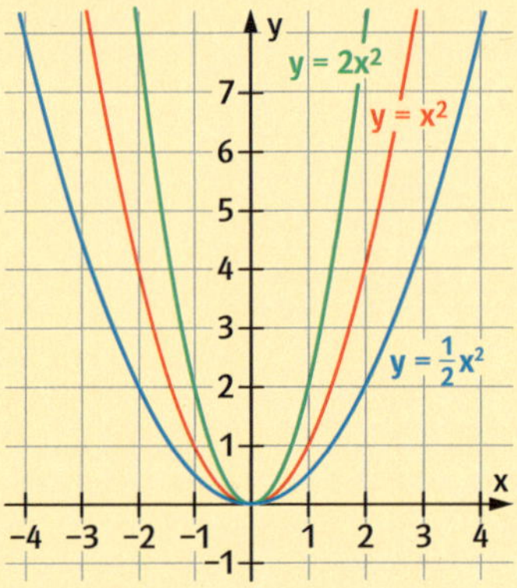

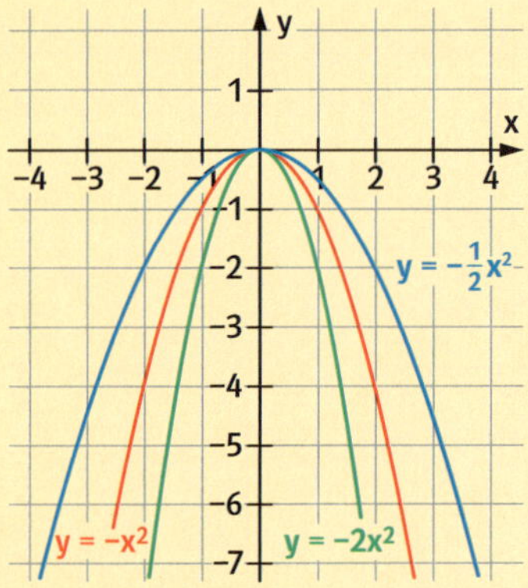

Parabeln der Form $y = ax^2 + b$ $(a, b \neq 0)$

Sie werden in y- Richtung verschoben, ihr Scheitel liegt bei $S(0|b)$.
Für $a > 0$ sind sie nach oben geöffnet.
Für $a < 0$ sind sie nach unten geöffnet.

Beispiele:

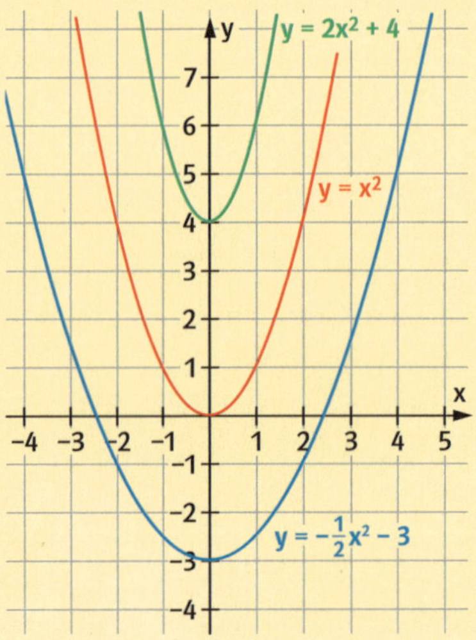

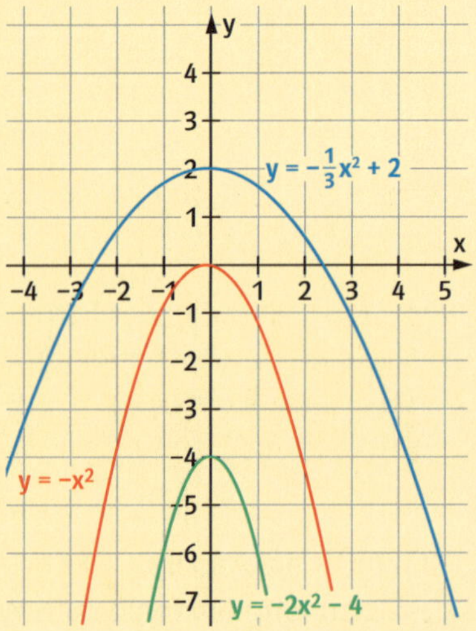

3

Zeichne die vier Parabeln in ein Koordinatensystem mit 1 LE = 1 cm. Erstelle Wertetabellen. Verwende verschiedene Farben.

a) $y = 4x^2$ b) $y = \frac{2}{3}x^2$ c) $y = -2x^2$ d) $y = -\frac{1}{4}x^2$

4

Auf welcher der vier Parabeln

p_1: $y = 4{,}5x^2$ p_2: $y = -2x^2$ p_3: $y = -3x^2$ p_4: $y = \frac{5}{6}x^2$

liegen die Punkte A(−2 | 18), B(−0,5 | 0,5) C(3 | 7,5) D$\left(\frac{2}{3} \middle| -\frac{4}{3}\right)$?

5

Zeichne die Parabeln in ein Koordinatenkreuz mit 1 LE = 1 cm.

a) $y = x^2 + 1{,}5$ b) $y = x^2 - 4$ c) $y = 1{,}5x^2 - 1$ d) $y = -\frac{1}{3}x^2 + 3$

6

Schreibe die zugehörige Funktionsgleichung auf.

a) Eine nach oben geöffnete Normalparabel mit dem Scheitel S(0 | −2).
b) Eine nach unten geöffnete Normalparabel mit dem Scheitel S(0 | 4).
c) Eine Parabel mit $a = -\frac{1}{4}$ und dem Scheitel S(0 | 7).
d) Die Punkte S(0 | −3) und P(4 | 5) liegen auf der Parabel $y = ax^2 + b$.

7

Beschreibe den Verlauf der Parabeln.

a) $y = -3x^2 + 3$ b) $y = \frac{2}{3}x^2 - 4$

8

Wie heißen die Funktionsgleichungen der beiden Parabeln? Wähle aus.

a) $y = x^2 + 4$ b) $y = x^2 - 4$ c) $y = 2x^2$ d) $y = \frac{1}{2}x^2$

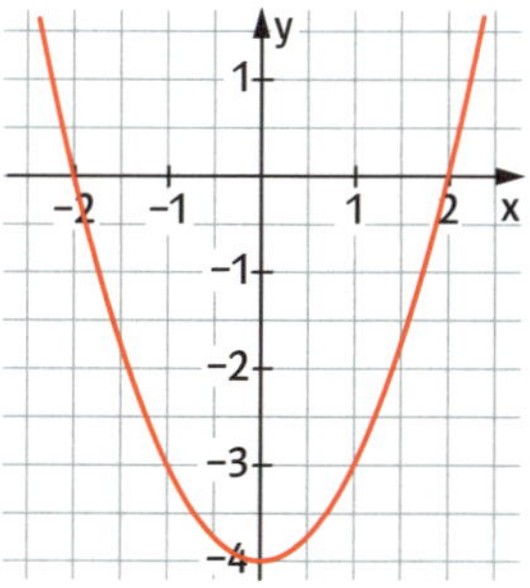

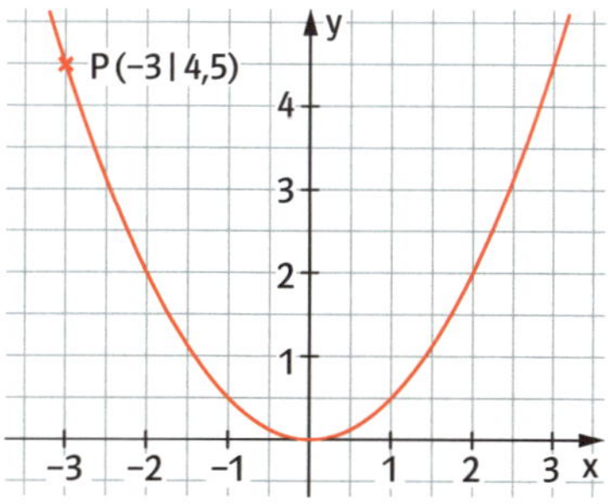

3.3 Gemischt quadratische Gleichungen

So löst du gemischt quadratische Gleichungen

Gemischt quadratische Gleichungen findest du in der Form

$$ax^2 + bx + c = 0 \quad \text{oder} \quad x^2 + px + q = 0.$$

Die zweite Gleichung ist in der „normierten Form" geschrieben. Sie geht aus der ersten hervor, indem du die Gleichung durch a dividierst.
Bei normierten Gleichungen, die sich in ein Binom umwandeln lassen, kannst du einfach die Wurzel ziehen.

Beispiel:

$$x^2 + 6x + 9 = 16$$
$$(x + 3)^2 = 16 \quad | \sqrt{\ }$$
$$x + 3 = \pm 4 \quad | -3$$
$$x = \pm 4 - 3$$
$$x_1 = +4 - 3 = 1$$
$$x_2 = -4 - 3 = -7$$
$$L = \{1; -7\}$$

Lösung mit der quadratischen Ergänzung

Wenn sich eine Gleichung nicht direkt in einen Binom umwandeln lässt, dann musst du eine **quadratische Ergänzung** machen.

$x^2 + 8x$ … ist ein Teil des Binoms $x^2 + 8x + 16 = (x + 4)^2$. Du musst also in der Beispielaufgabe +16 ergänzen und aus Gleichheitsgründen wieder abziehen.

Beispiel:

$$x^2 + 8x + 1 = 34$$
$$x^2 + 8x + 16 + 1 - 16 = 34$$
$$(x + 4)^2 - 15 = 34 \quad +15 \quad | +15$$
$$(x + 4)^2 = 49 \quad | \sqrt{\ }$$
$$(x + 4) = \pm 7 \quad | -4$$
$$x = \pm 7 - 4$$
$$x_1 = +7 - 4 = 3$$
$$x_2 = -7 - 4 = -11$$
$$L = \{3; -11\}$$

1

Wandle den Term in ein Binom um.

a) $x^2 + 12x + 36$ b) $x^2 - 3x + 2{,}25$ c) $4x^2 + 16x + 16$ d) $\frac{1}{4}x^2 + \frac{1}{3}x + \frac{1}{9}$

2

Wandle mithilfe der quadratischen Ergänzung in ein Binom um.

a $x^2 - 10x + 20$ b) $x^2 + 14x + 63$ c) $x^2 - 9x + 17$ d) $x^2 - \frac{4}{3}x + \frac{5}{9}$

3

Löse die Gleichung.

a) $(x + 7)^2 = 289$

b) $(x - 8)^2 - 144 = 0$

c) $\left(x - \frac{3}{4}\right)^2 = \frac{35}{36}$

d) $6(x + 2{,}5)^2 = 13{,}5$

4

Forme um und löse dann die Gleichung.

a) $x^2 + 10x + 25 = 121$

b) $x^2 - 22x + 121 = 625$

c) $x^2 - 7x + 12{,}25 = 20{,}25$

d) $x^2 + \frac{1}{3}x + \frac{1}{36} = \frac{25}{81}$

5

Löse die Gleichung durch quadratische Ergänzung.

a) $x^2 - 6x - 16 = 200$

b) $x^2 + 14x + 40 = 160$

c) $x^2 - 7x + 7 = 51$

d) $x^2 - \frac{2}{5}x + \frac{28}{75} = \frac{219}{225}$

6

Löse die Gleichung.

a) $(x - 4)(x - 6) = 0$

b) $(x + 5)(x - 7) = 45$

c) $(x + 15)(x - 10) = 0$

d) $(3x + 5)^2 = (2x + 1)\,4x + 25$

7

Löse die Gleichungen.

a) $0 = -\frac{2}{3}x^2 + 2$

b) $4x^2 - 15 = 2x^2 + 3$

c) $7x^2 + 3 = 5x^2 + 35$

d) $(x + 2)(x - 2) = 12$

e) $27 = (x + 3)(x - 3)$

f) $(5x + 3)^2 - (x - 4)^2 = 2(2x + 3)^2 + 14x$

3.4 Lösen mit der p-q Formel

So löst du gemischt quadratische Gleichungen

Gemischt quadratische Gleichungen in der normierten Form
$x^2 + px + q = 0$ lassen sich mit der so genannten **p-q Formel** lösen.

$x_{1,2} = -\frac{p}{2} \pm \sqrt{\left(\frac{p}{2}\right)^2 - q}$

Beispiel: $x^2 + 2x - 35 = 0$ (p = 2, q = −35)

$x_{1,2} = -\frac{2}{2} \pm \sqrt{1^2 + 35}$

$x_{1,2} = -1 \pm \sqrt{36}$

$x_1 = -1 + 6 = 5$

$x_2 = -1 - 6 = -7$

$L = \{5; -7\}$

Eine gemischt quadratische Gleichung hat keine Lösungen, wenn der Wert unter der Wurzel negativ wird.

Dein Taschenrechner zeigt dann ERROR, das heißt „es gibt keine Lösung".

Beispiel: $x^2 - 6x + 18 = 0$

$x_{1,2} = 3 \pm \sqrt{9 - 18}$

$x_{1,2} = 3 \pm \sqrt{-9}$

Die Diskriminante ($D = \left(\frac{p}{2}\right)^2 - q$, der Wert unter der Wurzel der Lösungsformel) entscheidet über die Anzahl der Lösungen.
Ist $D > 0 \Rightarrow$ 2 Lösungen
Ist $D = 0 \Rightarrow$ eine Lösung
Ist $D < 0 \Rightarrow$ keine Lösung

1

Wandle die Gleichungen in die normierte Form um.

a) $3x^2 - 12x + 24 = 0$
b) $4x^2 + 24x - 4 = 36$
c) $21x^2 - 52{,}5x + 378 = 105x$
d) $15x^2 - 25x + 35 = 30x^2 + 65x - 25$

2

Löse mit der Lösungsformel.

a) $x^2 + 20x - 125 = 0$
b) $x^2 + 9x - 52 = 0$
c) $x^2 + 21x + 20 = 0$
d) $x^2 - 10{,}8x - 63 = 0$

3

Forme zunächst in die Normalform um.

a) $5x^2 - 20x + 15 = 0$

b) $2x^2 - 28x + 80 = 0$

c) $\frac{1}{2}x^2 + 4x - 10 = 0$

d) $36 + 15x^2 - 51x = 0$

4

Wie viele Lösungen gibt es?

a) $\frac{4}{9}z^2 - 2z + \frac{5}{2} = 0$

b) $\frac{5}{6}a^2 - 4a + \frac{24}{5} = 0$

c) $\frac{3}{2}y^2 - 12y + \frac{117}{8} = 0$

d) $\frac{1}{3}x^2 + 3x + \frac{27}{4} = 0$

5

Bestimme die Lösungsmenge.

a) $5x(2 - x) = -5(4x + 8) + 80$

b) $2x(5 - x) = 4(6 - x)$

c) $(2x + 3)(x - 4) = (3x - 8)(x - 3)$

d) $(8 - 5x)(3x + 4) = -x(4 + 11x)$

3.5 Bruchgleichungen

Bei der Lösung von Bruchgleichungen ergeben sich oft quadratische Gleichungen.

So bestimmst du die Definitionsmenge von Bruchgleichungen

Gleichungen, die im Nenner Variable haben, werden **Bruchgleichungen** genannt.
Bevor du die Lösungen berechnest, musst du die **Definitionsmenge** bestimmen, da der Nenner auf keinen Fall null werden darf.
Beispiel:

$\frac{8}{x-3} = \ldots$

Für $x = 3$ würde der Nenner null, d.h. die Definitionsmenge enthält in diesem Fall alle reellen Zahlen außer der Zahl 3.
Man schreibt kurz: $\mathbf{D = \mathbb{R} \setminus \{3\}}$.

So löst du Bruchgleichungen

Nachdem du die Definitionsmenge bestimmt hast, suchst du den Hauptnenner(HN). Mit ihm multiplizierst du die Gleichung. Die entstehende gemischt quadratische Gleichung löst du mit der Lösungsformel.
Beispiel:

$\frac{10}{x} - \frac{3}{x-2} = 1$

$D = \mathbb{R} \setminus \{0; 2\}$, weil der erste Nenner für $x = 0$ und der zweite Nenner für $x = 2$ null wird.

Der Hauptnenner ist: $\mathbf{x \cdot (x-2)}$ — Gleichung mit dem HN multiplizieren und kürzen.

$$\frac{10}{\cancel{x}} \cdot \cancel{x}(x-2) - \frac{3}{\cancel{x-2}} \cdot x(\cancel{x-2}) = 1 \cdot x(x-2)$$

$$10(x-2) - 3x = x \cdot (x-2)$$

$$10x - 20 - 3x = x^2 - 2x \qquad | -10x + 20 + 3x$$

$$0 = x^2 - 9x + 20$$

$$x_{1,2} = 4{,}5 \pm \sqrt{4{,}5^2 - 20}$$

$$x_{1,2} = 4{,}5 \pm \sqrt{0{,}25}$$

$$\mathbf{L = \{4; 5\}}$$

Bei manchen Aufgaben erhältst du eine Lösung, die nicht zur Definitionsmenge gehört, diese darfst du nicht in die Lösungsmenge schreiben. Deshalb überprüfst du deine Lösungsmenge mit der Definitionsmenge.

1

Für welche Werte von x werden die Nenner null?

a) 1. Nenner: $(3 - x)$
   2. Nenner: $4x$

b) 1. Nenner: $(x + 7)$
   2. Nenner: $(x + 3)$

c) 1. Nenner: $3x - 5$
   2. Nenner: $x^2 - 9$

d) 1. Nenner: $x^2 - 6x + 9$
   2. Nenner: $x - 3$

e) 1. Nenner: $x^2 - 16$
   2. Nenner: $4x - 16$
   3. Nenner: $6x^2$

f) 1. Nenner: $x^2 - 12x + 36$
   2. Nenner: $2x - 12$
   3. Nenner: $8x + 48$

2

Bestimme den Hauptnenner.

a) $\frac{1}{x} + \frac{3}{6x} = \frac{7}{6x - 12}$

b) $\frac{3x}{x + 1} - \frac{4x - 6}{4x} = \frac{5}{6x}$

c) $\frac{4}{x - 3} + \frac{x}{x + 3} = \frac{2x - 5}{5x - 15}$

d) $\frac{1}{x - 5} + \frac{1}{x^2 - 25} = \frac{1}{2x - 10}$

e) $\frac{7}{2x - 5} = \frac{x}{2x + 5} - \frac{1}{4x^2 - 25}$

f) $\frac{3x}{x^2 + 2x + 1} + \frac{9}{2x + 2} = \frac{x}{x + 1}$

3

Löse die Bruchgleichungen. Gib die Definitions- und die Lösungsmenge an.

a) $\frac{8}{x - 3} - \frac{7}{x} = 1$

b) $\frac{40}{x + 3} - \frac{6}{x - 3} = 2$

c) $\frac{2}{x + 1} + \frac{3}{5 - x} = 2$

d) $\frac{20}{3x - 1} + \frac{6x - 15}{2x - 5} = 1$

4

Bestimme Definitions- und Lösungsmenge.

a) $\frac{2x}{21} - \frac{9}{x} = \frac{5}{x}$

b) $\frac{9}{x + 1} - \frac{8}{x} = 1$

c) $\frac{5x - 7}{9} + \frac{14}{2x - 3} = x - 1$

d) $\frac{16 - x}{4} - \frac{2(x - 11)}{x - 6} = \frac{x - 4}{12}$

3.6 Anwendungsaufgaben

So löst du Sachaufgaben mithilfe quadratischer Gleichungen

Den Text der Aufgabe musst du zunächst in eine Gleichung übertragen.
Beispiel:
Von zwei ganzen Zahlen ist die eine um 4 größer als die andere. Addiert man zum doppelten Quadrat der kleineren Zahl 7, so erhält man das Quadrat der größeren Zahl.

kleinere Zahl: x	doppeltes Quadrat der kleineren Zahl: $2x^2$
größere Zahl: $x + 4$	Quadrat der größeren Zahl: $(x + 4)^2$
Gleichung:	$2x^2 + 7 = (x + 4)^2$

Nun löst du die gemischt quadratische Gleichung mit der Lösungsformel.

$$2x^2 + 7 = x^2 + 8x + 16 \quad | -x^2 - 8x - 16$$
$$x^2 - 8x - 9 = 0$$
$$x_{1,2} = 4 \pm \sqrt{16 + 9}$$
$$x_1 = 4 + 5 = 9; \quad x_2 = 4 - 5 = -1$$
$$\mathbb{L} = \{9; -1\}$$

Vergiss die Probe am Aufgabentext nicht!

Die gesuchte kleinere Zahl heißt 9 oder −1, die größere Zahl heißt 13 oder 3. Die gesuchten Zahlenpaare sind also 9 und 13 sowie −1 und 3.

Mathematische Rechenbegriffe

Zur Erinnerung!

Addition:	1. Summand + 2. Summand = Wert der Summe
Subtraktion:	Subtrahend − Minuend = Wert der Differenz
Multiplikation:	1. Faktor · 2. Faktor = Wert des Produkts
Division:	Dividend : Divisor = Wert des Quotienten
Potenz:	Basis hoch Exponent = Potenzwert
Wurzel:	Radizieren des Radikanten = Wert der Wurzel

1

Addiert man zur Quadratzahl einer natürlichen Zahl die Zahl selbst, so erhält man 20.

2
Zwei unmittelbar aufeinander folgende natürliche Zahlen ergeben das Produkt 306. Wie heißen sie?

3
Zerlege 72 in zwei ganzzahlige Faktoren, deren Differenz 14 beträgt.

4
Das Produkt zweier ganzer Zahlen, von denen die eine ebenso weit über 50 wie die andere unter 50 liegt, beträgt 2400.

5
Einer Klasse stehen für eine Übernachtung in der Jugendherberge 360 Euro zur Verfügung. Da 4 Schüler nicht mitfahren können, ist für jeden Schüler 1 Euro mehr vorhanden. Wie viele Schüler hat die Klasse?

6
Herr Behrens kauft für 288 € Samtstoff. Da der Samt um 8 € pro laufenden Meter billiger wurde, bekam er 3 m mehr als bestellt. Wie viele Meter hatte er bestellt?

7
Eine 56 cm lange Holzleiste soll so gesägt werden, dass sie als Rahmen für ein Bild mit dem Flächeninhalt 195 cm² dienen kann.

8
Eine Badewanne wird, wenn Kalt- und Warmwasserhahn geöffnet sind, in 9 Minuten gefüllt. Wird die Wanne nur mit kaltem oder nur mit warmem Wasser gefüllt, dann benötigt man im zweiten Fall $7\frac{1}{2}$ Minuten mehr als im ersten Fall. In welcher Zeit kann jeder Zufluss allein die Wanne füllen.
Tipp:

	Gesamtzeit	Fließleistung pro Minute
Beide Hähne	9	1 : 9
Kaltwasserhahn	x	1 : x
Warmwasserhahn	x + 7,5	1 : (x + 7,5)

1

Löse die rein quadratische Gleichung.

Punkte: max.3

a) $x^2 - 64 = 0$	b) $(x + 3)(x - 3) = 40$	c) $(x - 5)(2x + 10) = 0$

2

Löse mithilfe einer quadratischen Ergänzung.

Punkte: max.3

a) $x^2 - 2x = 120$	b) $x^2 + 7x = 78$	c) $(x - 4)(x - 6) = 35$

3

Wende die Lösungsformel an.

a) $x^2 + 10x + 24 = 0$	b) $4x^2 - 8x + 3 = 0$

Punkte: max.4

c) $x^2 + \frac{2}{3}x + \frac{1}{9} = 0$	d) $x^2 - 11x + 38 = 0$

4

Gib die Definitionsmenge und die Lösungsmenge an.

a) $\frac{3}{x - 2} = x$	b) $\frac{x^2 - 2x}{3x} + 1 = \frac{2}{x}$

Punkte: max.8

c) $\frac{2x - 1}{x + 1} = \frac{3x + 1}{2x + 2}$	d) $\frac{3x - 5}{2x - 2} + \frac{2x - 2}{3x - 5} = \frac{5}{2}$

5

Frau Fuchs will für 4 Euro Zitronen einkaufen. Da der Preis pro Stück um 5 Cent geringer ist als sie annahm, bekommt sie 4 Zitronen mehr.

Punkte: max.4

Wie viele Zitronen kauft sie?

Gesamtpunkte: max.22

Aufgaben Nummer	erreichte Punktzahl von (...)	Lernerfolg	Lerneinheit abhaken ✓
1	_____ (3)	Wenn du die volle Punktzahl hast, dann kannst du rein quadratische Gleichungen lösen. Du darfst den Lernabschnitt abhaken.	3.1
2	_____ (3)	Wenn du alle Punkte erreicht hast, so bist du sicher im Umgang mit quadratischen Ergänzungen. Hake das Kapitel ab.	3.2
3	_____ (4)	Wenn du alle vier Punkte erreicht hast, dann kannst du die Lösungsformel einsetzen und darfst den Lernabschnitt abhaken.	3.3
4	_____ (8)	Wenn du alle Punkte erhalten hast, darfst du den Lernabschnitt Bruchgleichungen abhaken.	3.4
5	_____ (4)	Es setzt fundierte Kenntnisse voraus, die Textaufgabe mit einer quadratischen Gleichung zu lösen. Wenn du hier alle Punkte erhalten hast, kannst du dir gratulieren und den Lernabschnitt abhaken.	3.5

16 – 22 Punkte	9 – 15 Punkte	0 – 8 Punkte
Prima, du hast diesen Lernabschnitt gut verstanden! Nun kannst du beim nächsten Lernabschnitt weiter machen.	Du hast viel gelernt, aber es könnte auch besser sein. Wiederhole die Lernabschnitte noch einmal, die in deiner Checkliste nicht abgehakt sind.	Es gibt bei dir noch viele Unsicherheiten. Du musst noch mehr üben! Wiederhole die Lernabschnitte noch einmal, die in deiner Checkliste nicht abgehakt sind.

4 Ähnlichkeit

4.1 Vergrößern und verkleinern

So vergrößerst oder verkleinerst du Figuren

Die **Vergrößerung (Verkleinerung)** einer Figur oder eines Körpers wird mit dem **Streckungsfaktor k** berechnet. k ergibt sich aus dem Verhältnis zweier entsprechender Seiten.

$$k = \frac{\text{veränderte Streckenführung}}{\text{originale Streckenführung}}$$

Erinnerst du dich an Zeichnungen mit bestimmten Maßstäben?

Ist der Faktor $k > 1$, so wird vergrößert,
ist der Faktor $k < 1$, so wird verkleinert.
Für $k = 1$ bleibt die Figur in der Originalgröße erhalten.
Dabei muss jede Streckenlänge einer Figur mit k multipliziert werden.

Beispiele:

a)

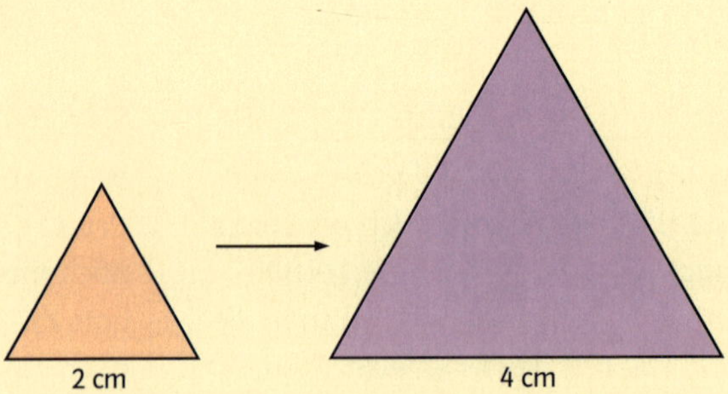

$k = \frac{4}{2} \Rightarrow \mathbf{k = 2}$

b)

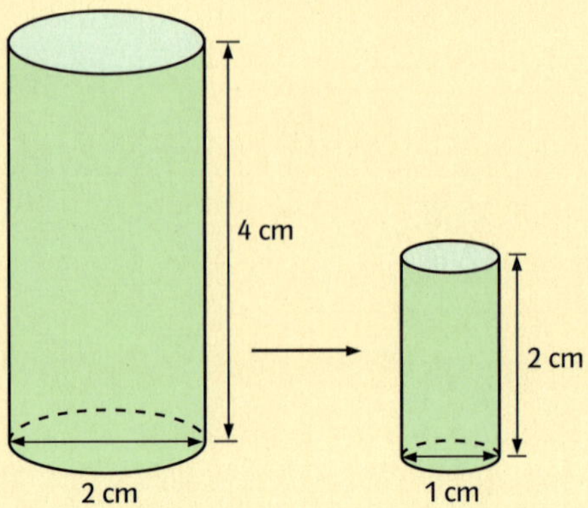

$k = \frac{2}{4} \Rightarrow \mathbf{k = \frac{1}{2}}$

1

Welche der Flächen sind aus der gelben oder der blauen Fläche hervorgegangen? (Maße in cm)

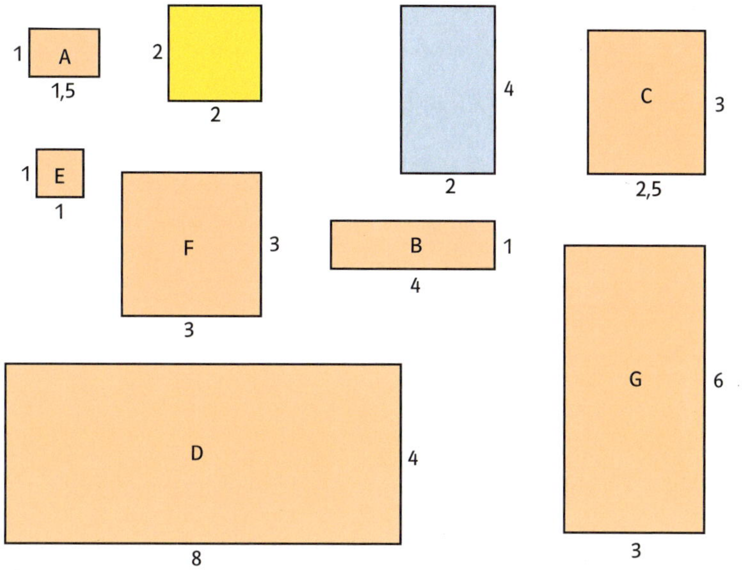

2

Strecke die Figuren wie angegeben. Berechne den Streckungsfaktor k. (Maße in cm)

a)

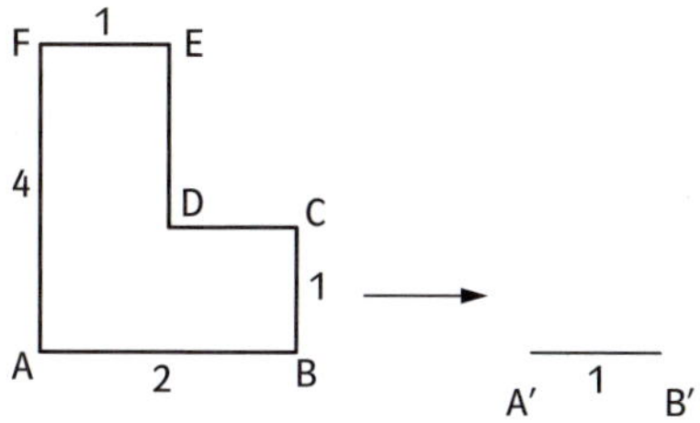

b)

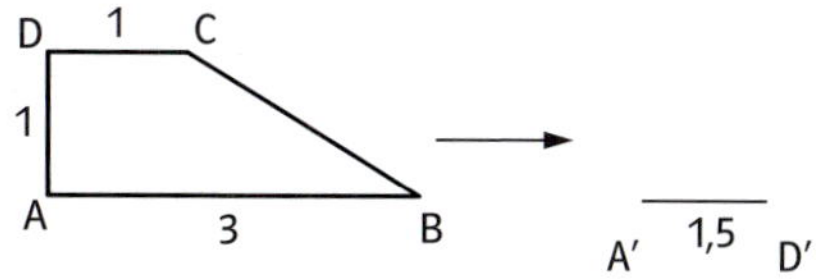

c)

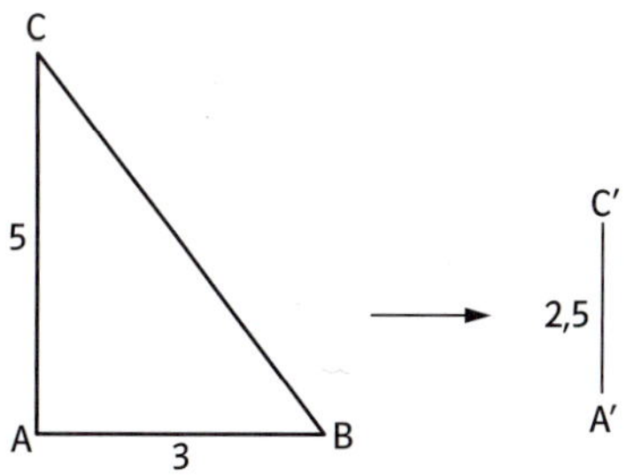

3

Vergrößere oder verkleinere mit dem angegebenen Faktor.

a) k = 1,5 b) k = 2 c) k = 0,5

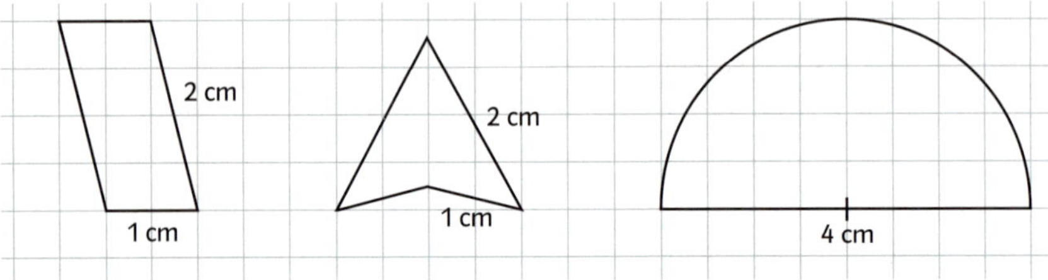

4

Für manche Figuren brauchst du Hilfslinien. Vergrößere das Dreieck ABC mit k = 3.
Du brauchst eine ganze Seite.

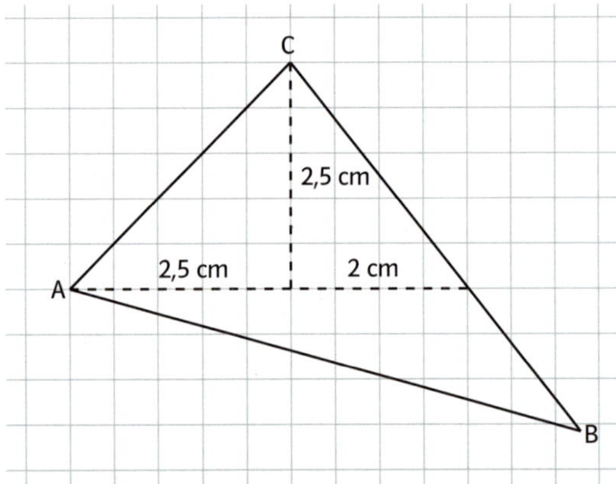

5

Hilfslinien finden besonders bei Rastervergrößerungen Verwendung. Vergrößere das Bild mit k = 3.

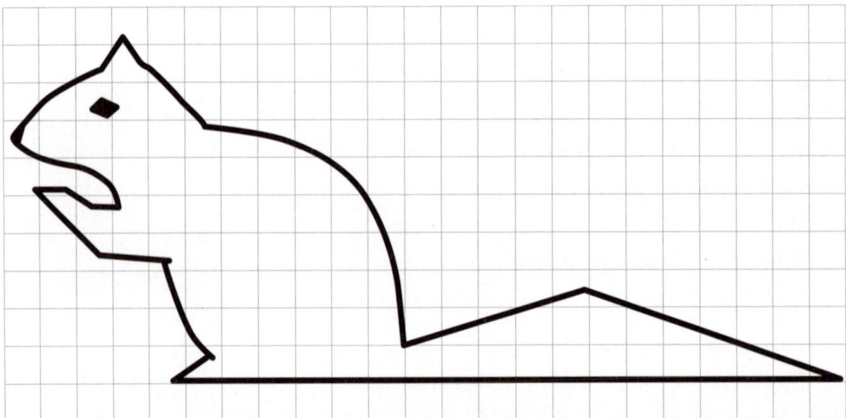

4.2 Ähnliche Figuren

Das sind ähnliche Figuren

Figuren, die durch Vergrößern oder Verkleinern entstanden sind, nennt man **ähnliche Figuren**.

Es bleibt gleich	Es ändert sich
• die Winkelgröße • das Verhältnis der Seiten zueinander	• die Länge der Seiten • der Flächeninhalt • der Rauminhalt

1

Welche Figuren sind zueinander ähnlich?

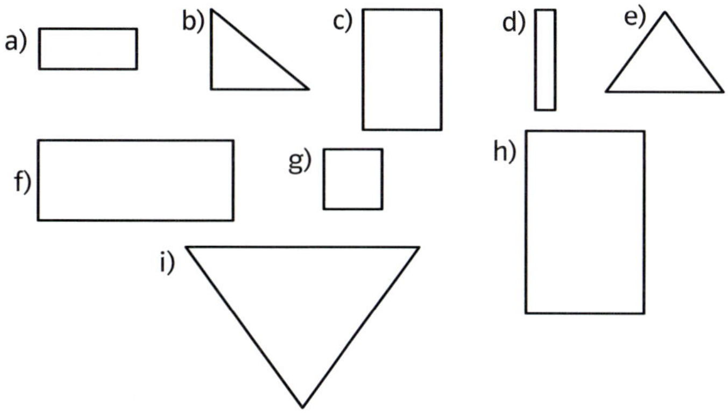

2

Beantworte mit Ja oder Nein.

a) Sind alle Quadrate zueinander ähnlich?
b) Sind alle Zylinder zueinander ähnlich?
c) Sind alle Kreise zueinander ähnlich?
d) Sind alle rechtwinkligen Dreiecke zueinander ähnlich?
e) Sind alle quadratischen Säulen zueinander ähnlich?

3

Im Koordinatenkreuz bilden die Punkte A(−2,5 | −3); B(4 | 0); C(2 | 4) und D(0 | 3) ein Viereck. Die Strecke CD soll auf C′(5 | 7) und D′(1 | 5) vergrößert werden. Zeichne die neue Figur. Welche Koordinaten haben A′ und B′?

Zur Lösung brauchst du eine ganze Seite!

4.3 Strahlensätze

So lauten die Strahlensätze

Werden zwei Strahlen, die von einem Punkt S ausgehen, von zwei Parallelen geschnitten, dann gilt:

Erster Strahlensatz: Sich entsprechende Stücke auf den beiden Strahlen stehen im gleichen Verhältnis.

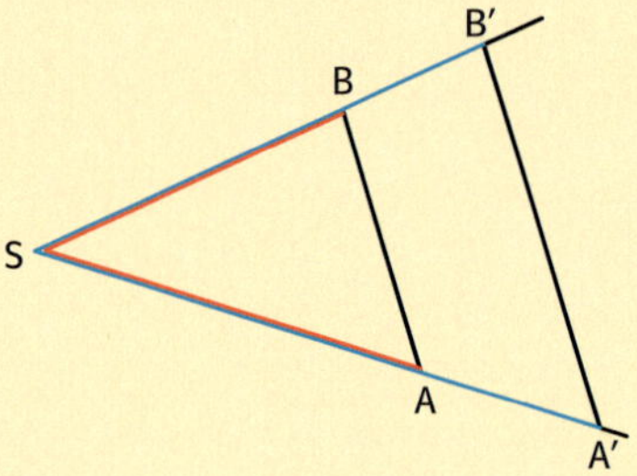

$$\frac{\overline{SA}}{\overline{SB}} = \frac{\overline{SA'}}{\overline{SB'}}$$

Zweiter Strahlensatz: Sich entsprechende Stücke auf den Strahlen und Parallelen stehen im gleichen Verhältnis.

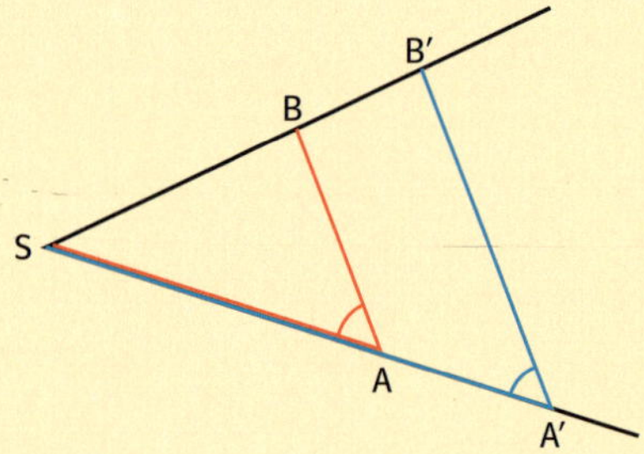

$$\frac{\overline{SA}}{\overline{AB}} = \frac{\overline{SA'}}{\overline{A'B'}}$$

1

a) Forme den ersten Strahlensatz so um, dass jeder der vier Streckenabschnitte einmal links alleine steht.

z. B.: $\overline{SA} = \frac{\overline{SA'} \cdot \overline{SB}}{\square}$

b) Verfahre ebenso mit dem zweiten Strahlensatz.

2

Beachte: Maßangaben, die außen stehen, geben die gesamte Länge an. Teilstrecken werden innerhalb angegeben.

Berechne die fehlenden Strecken.

a)

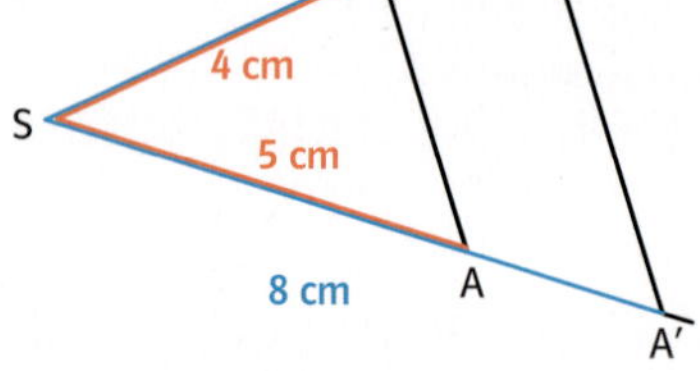

Berechne $\overline{SB'}$.

b)

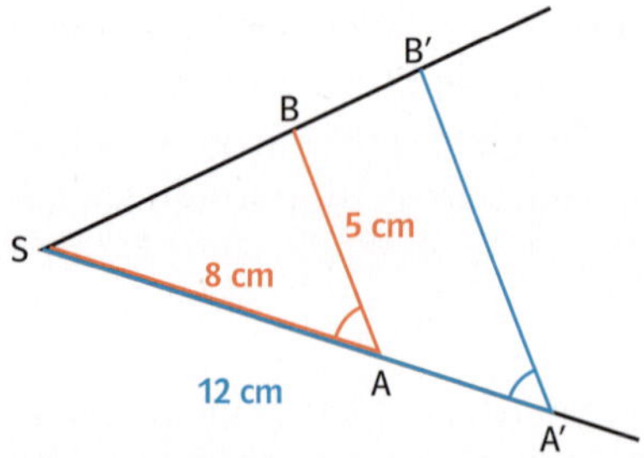

Berechne $\overline{A'B'}$.

3

Berechne jeweils die Strecke x. (Maße in cm)

a)

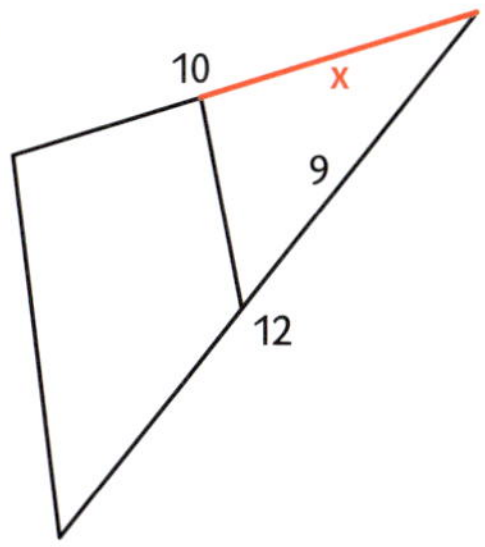

b)

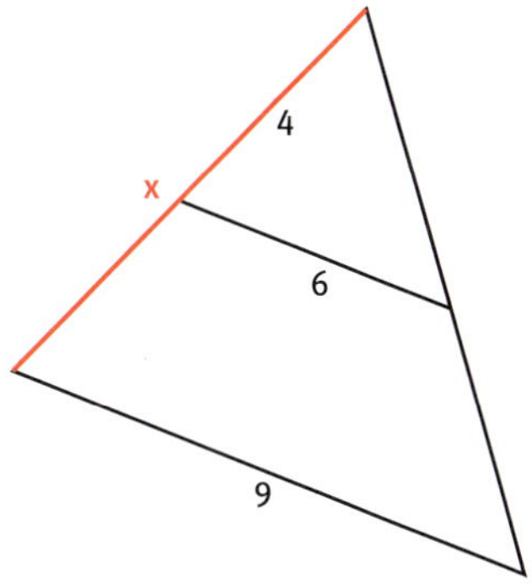

4

Manchmal kannst du eine gesuchte Strecke nicht direkt ausrechnen.
Beispiel:

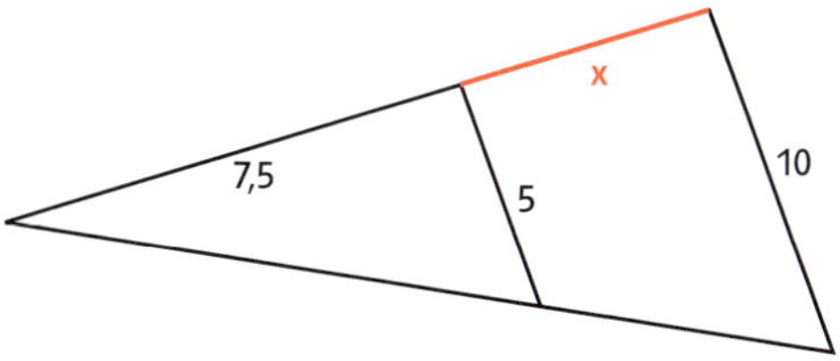

$$\frac{x + 7{,}5}{10} = \frac{7{,}5}{5}$$

$$x = 7{,}5$$

a)

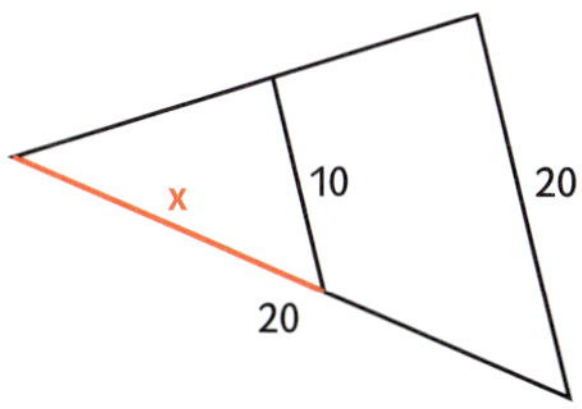

b)

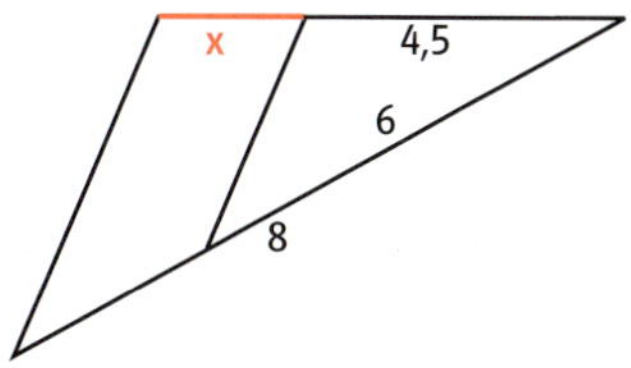

c)

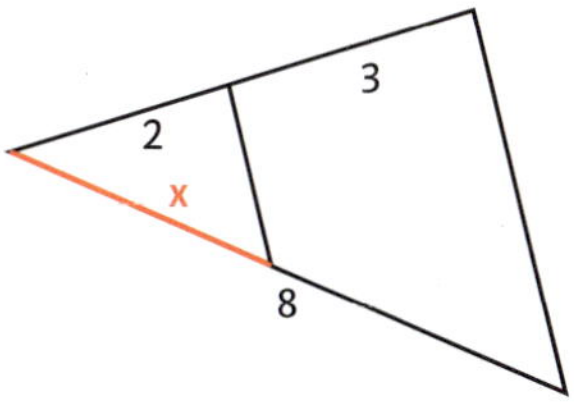

d)

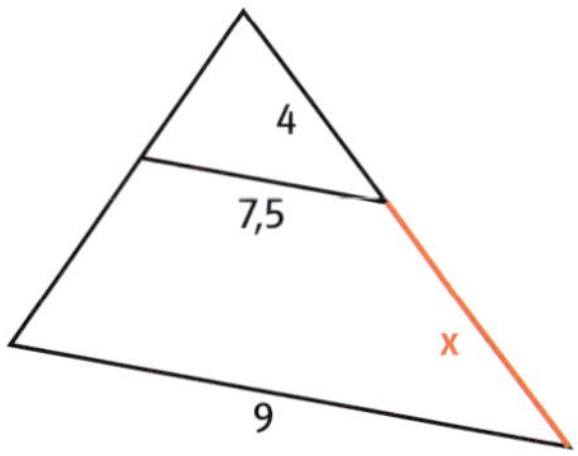

So lautet eine weitere Form der Strahlensätze

Du kannst die Strahlensätze auch anwenden, wenn die beiden parallelen Schnittstrecken AB und A'B' auf verschiedenen Seiten von S liegen.

Beispiel:

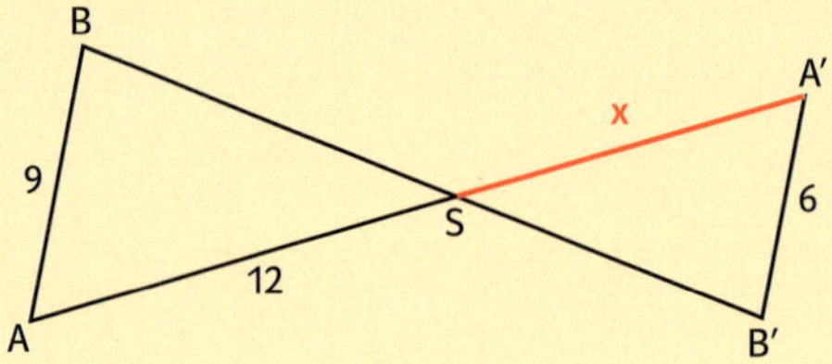

$$\frac{x}{\overline{A'B'}} = \frac{\overline{SA}}{\overline{AB}}$$

$$\frac{x}{6} = \frac{12}{9}$$

$$x = 8$$

5

Berechne x.

a)

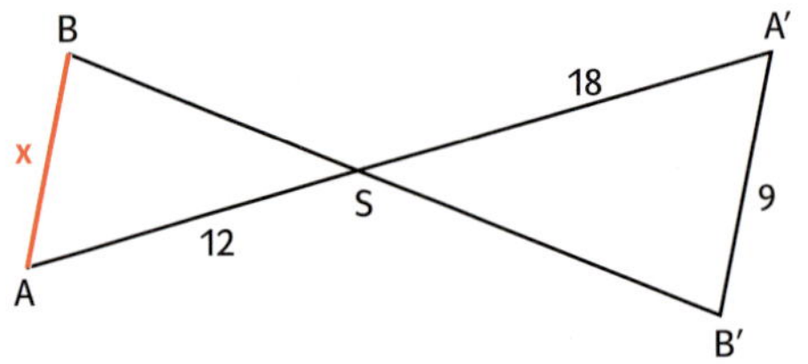

b)

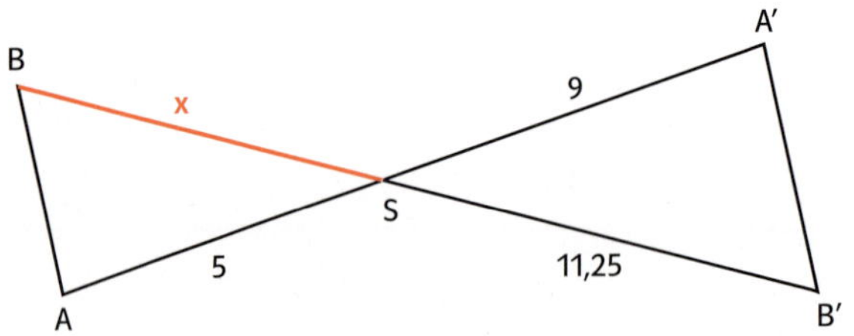

6

Berechne x und y in dieser Figur.

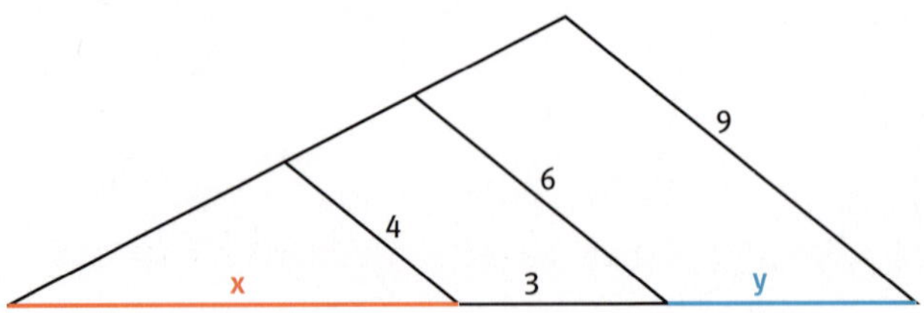

4.4 Anwendungsaufgaben

1

Ein Baum wirft einen Schatten von 33 m. Ein 1,80 m Mensch hat eine Schattenlänge von 2,40 m. Wie hoch ist der Baum?

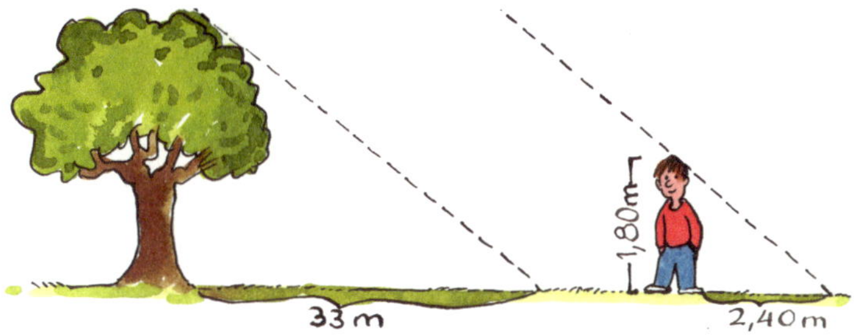

2

Wie lang ist der See?

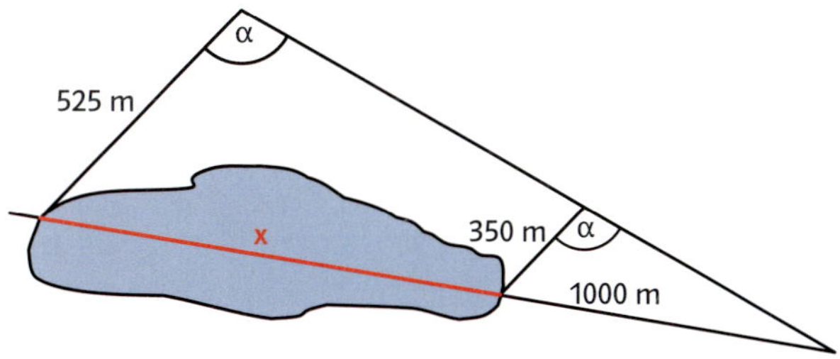

3

Um die Höhe eines Fabrikschlotes zu bestimmen, wird sein Schatten mit 200 m gemessen. Ein 2 m hoher Messstab wirft einen Schatten von 2,50 m. Fertige eine Skizze an und berechne.

4

Bestimme die Breite des Flusses.

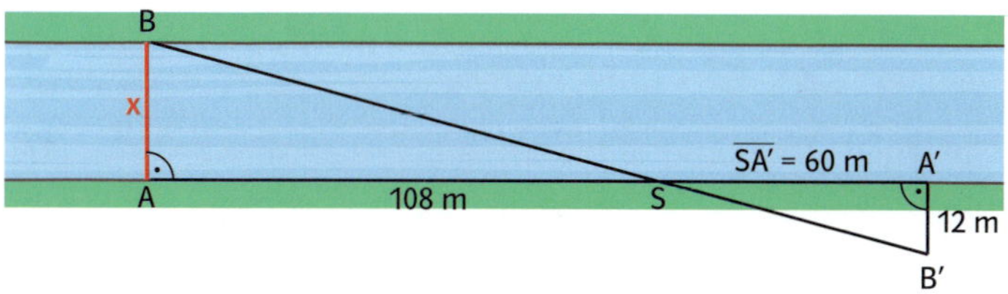

1

Berechne k.

a)

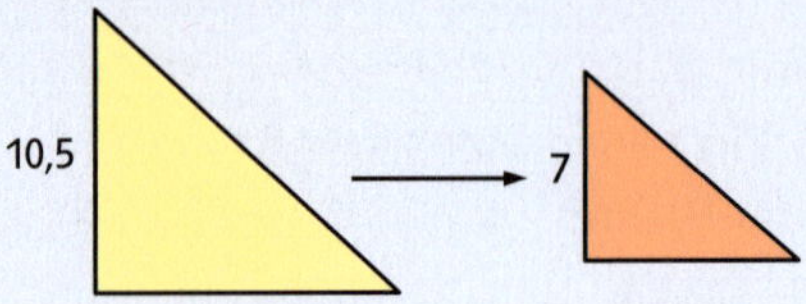

b)

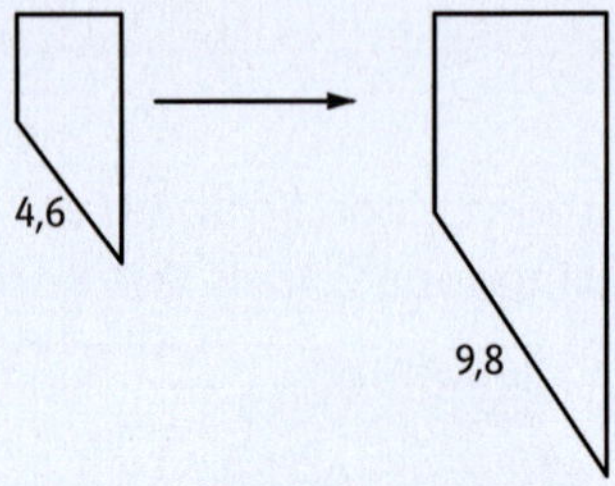

Punkte: max.4

2

Berechne die fehlende Seite.

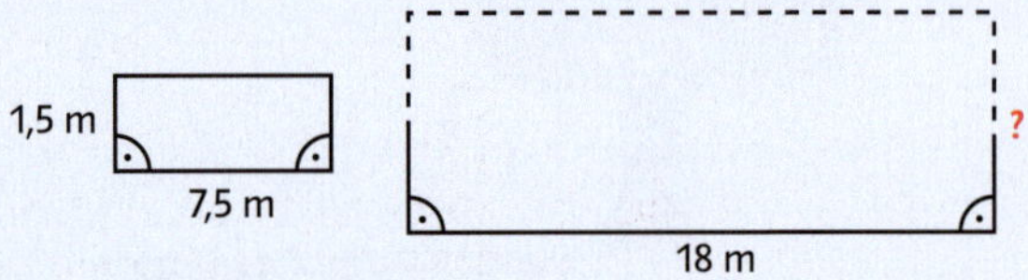

Punkte: max.2

3

Sind alle Rauten zueinander ähnlich? Begründe.

Punkte: max.4

4

Berechne jeweils die Strecke x.

a)

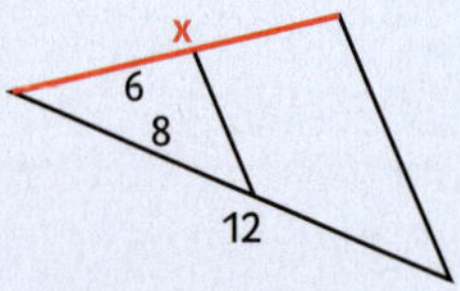

b)

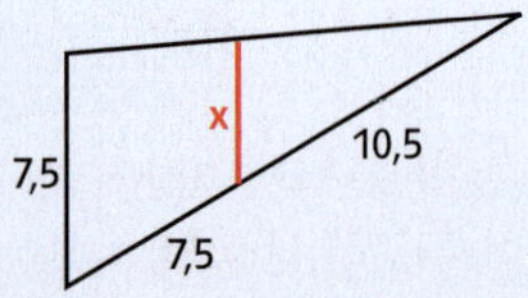

c)

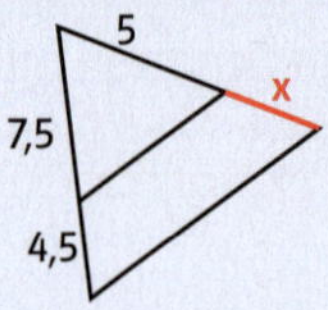

d)

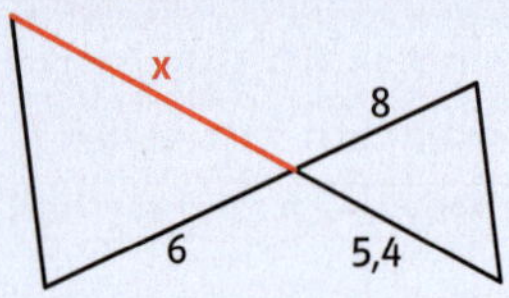

Punkte: max.8

5

Bestimme die Breite des Flusses.

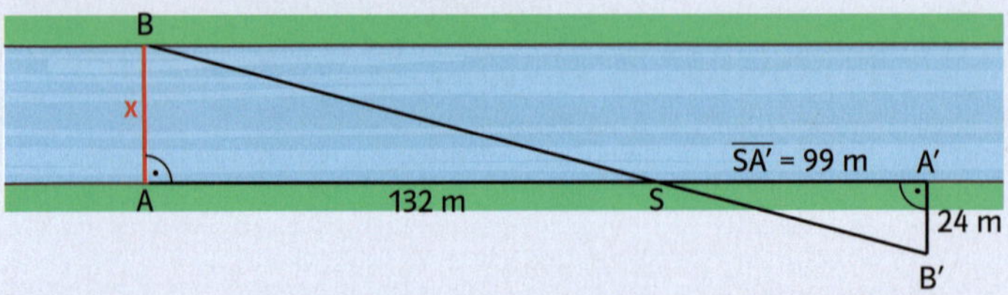

Punkte: max.2

Gesamtpunkte: max.24

Aufgaben Nummer	erreichte Punktzahl von (...)	Lernerfolg	Lerneinheit abhaken ✓
1 2	______ (4) ______ (2)	Das Vergrößern oder Verkleinern mit einem Streckfaktor ist dir bekannt. Du kannst diesen sowie auch Seiten berechnen. Hake diesen Lernabschnitt ab.	4.1
3	______ (4)	Wenn du Aufgabe 3 richtig beantworten konntest, dann kannst du mit dem Begriff der Ähnlichkeit umgehen und weißt, worauf es ankommt.	4.2
4	______ (8)	Die Strahlensätze kannst du nun in allen Variationen anwenden. Hake diese Lernabschnitte ab.	4.3
5	______ (2)	Wenn du diese Aufgabe richtig gelöst hast, dann kannst du in Textaufgaben einen Strahlensatz richtig einsetzen. Hake deshalb diesen Lernabschnitt ab.	4.4

15 – 20 Punkte	8 – 14 Punkte	0 – 7 Punkte
Prima, du beherrschst diesen Lernabschnitt. Nun kannst du zum nächsten Lernabschnitt übergehen.	Du hast einiges gelernt, aber es gibt noch Lücken. Wiederhole die Aufgaben, in denen du noch Fehler gemacht hast.	Schade! Du musst mehr üben. Nimm dir dieses Kapitel nochmals gründlich vor.

5 Die Satzgruppe des Pythagoras

5.1 Der Satz des Pythagoras

Mithilfe des Satzes von Pythagoras lassen sich viele Berechnungen an Dreiecken, anderen Figuren und Körpern durchführen.

So lautet der Satz des Pythagoras

In jedem rechtwinkligen Dreieck ist die Summe der Flächeninhalte der beiden Quadrate über den Katheten gleich dem Inhalt der Fläche des Quadrats über der Hypotenuse.

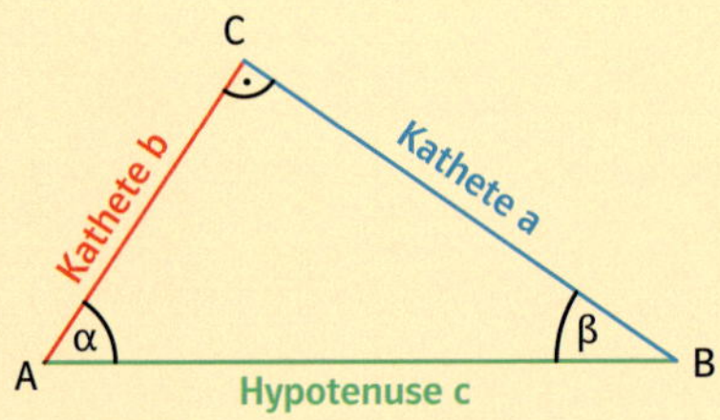

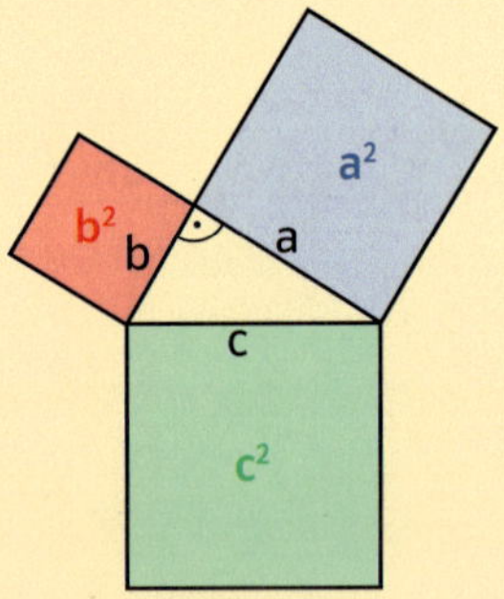

Die Hypotenuse ist stets die längste Seite und liegt dem rechten Winkel gegenüber. Sind zwei Seiten eines rechtwinkligen Dreiecks gegeben, so kannst du also die dritte Seite berechnen.

$a^2 + b^2 = c^2$

oder

$c^2 = a^2 + b^2$

Beispiele:

a) $\gamma = 90°$; $a = 7\,cm$; $b = 6\,cm$

$c^2 = 7^2 + 6^2$

$c^2 = 85 \quad |\sqrt{}$

$c \approx 9{,}2\,cm$

b) $\gamma = 90°$; $b = 5\,cm$; $c = 9\,cm$

$9^2 = a^2 + 5^2 \quad | -5^2$

$a^2 = 56 \quad |\sqrt{}$

$a \approx 7{,}5\,cm$

1

Beachte: Nicht immer ist $\gamma = 90°$ oder c die Hypotenuse!

Formuliere den Satz des Pythagoras für diese Dreiecke.

a)

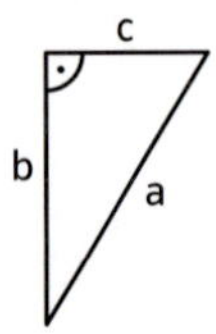

b)

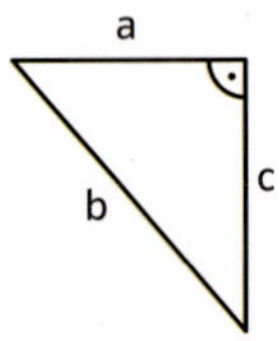

c)

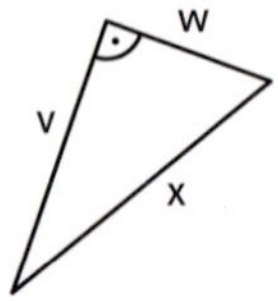

2

Wie oft kannst du für diese Figur den „Pythagoras“ anwenden? Notiere.

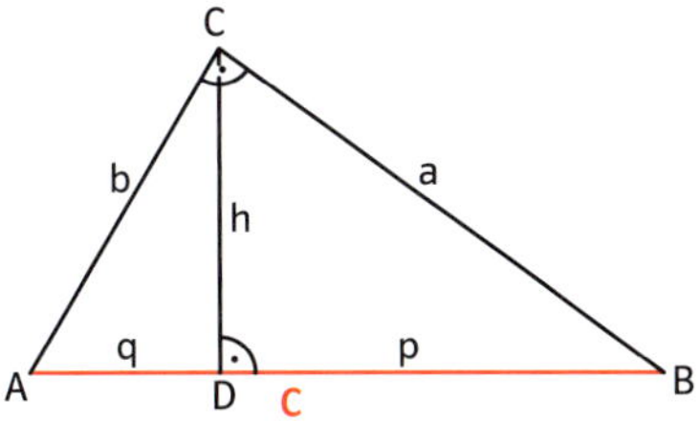

3

Berechne die Länge der roten Seite. (Maße in cm)

a)

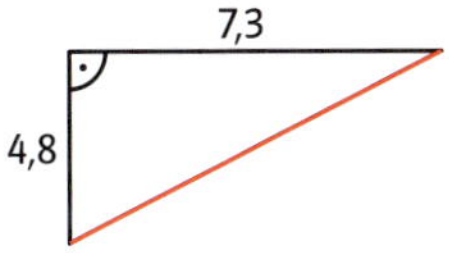

b)

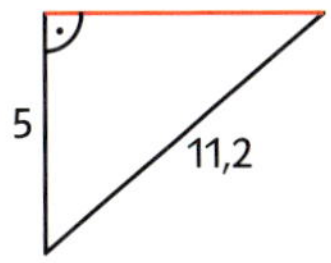

c)

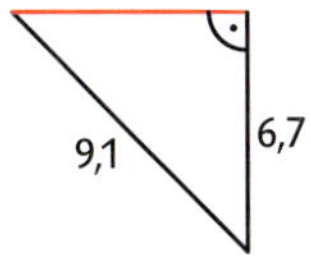

4

Berechne die fehlenden Strecken.

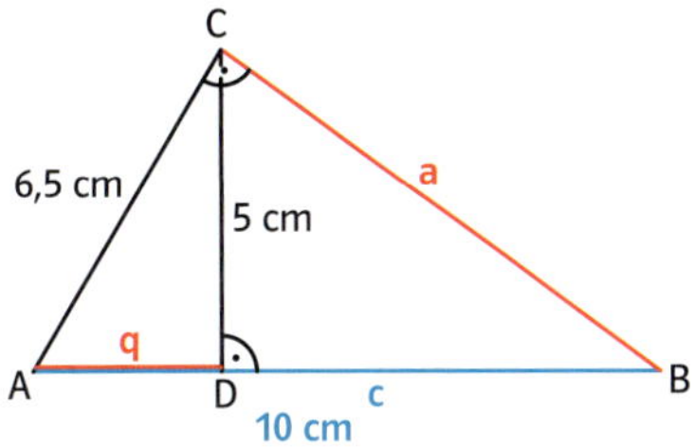

5

a) Wie lang sind die mit x bezeichneten Seiten?
b) Wie groß ist der Umfang der Gesamtfigur?

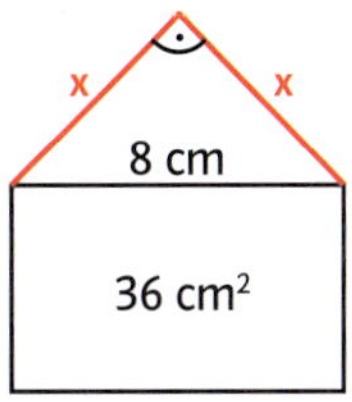

6

Wie lang sind die Seiten der Raute?

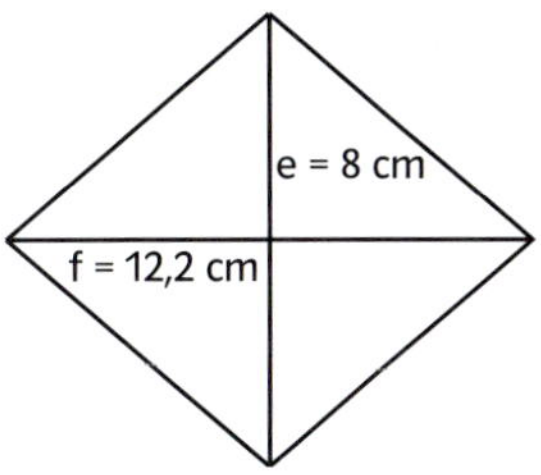

5.2 Berechnungen an ebenen Figuren

So kannst du ebene Figuren berechnen

Wenn in ebenen Figuren rechtwinklige Dreiecke vorhanden sind oder die Figur in rechtwinklige Dreiecke unterteilt werden kann, kannst du den Satz des Pythagoras anwenden. Oft hilft dir eine Skizze bei deinen Überlegungen.

Beispiel:

Ein Rechteck mit den Seitenlängen 7 cm und 12 cm ist gegeben.

a) Wie lang ist eine Diagonale?

b) Wie lang ist die Strecke vom Mittelpunkt der längeren Seite zu einem der gegenüberliegenden Eckpunkte?

Skizze:

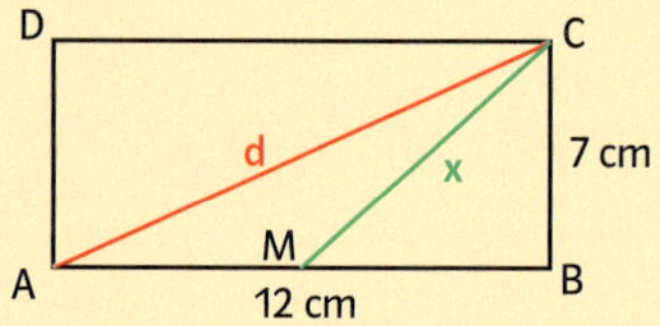

Lösung:

a) $d^2 = a^2 + b^2$, also $d^2 = 12^2 + 7^2 \Rightarrow$ **$d \approx 13{,}9\,\text{cm}$**

b) $x^2 = \left(\frac{a}{2}\right)^2 + b^2$, also $x^2 = 6^2 + 7^2 \Rightarrow$ **$x \approx 9{,}2\,\text{cm}$**

1

Berechne jeweils die Strecke x.

a)

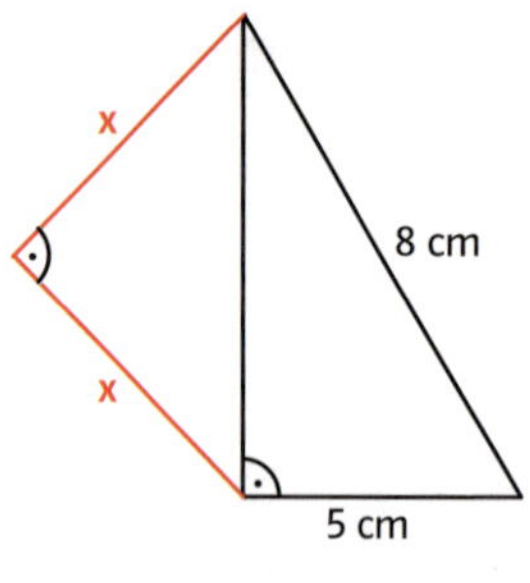

b)

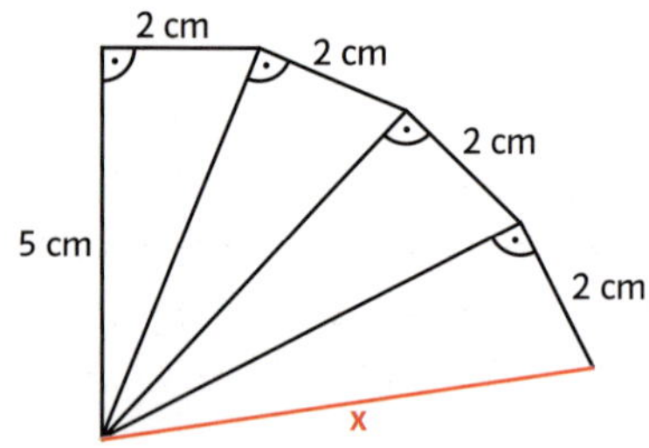

2

Berechne x und y.

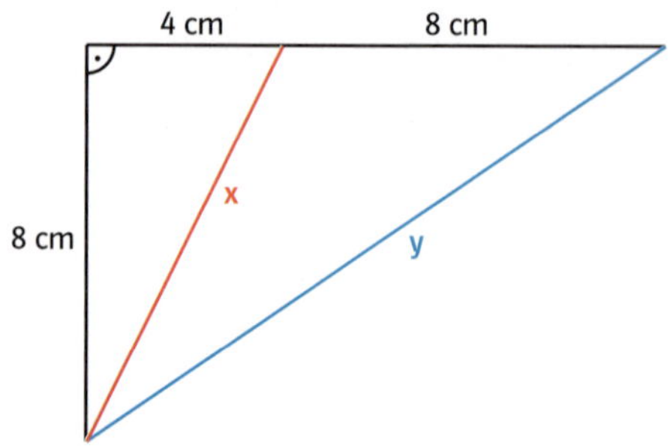

3

Berechne den Umfang und den Flächeninhalt der Figuren.

a)

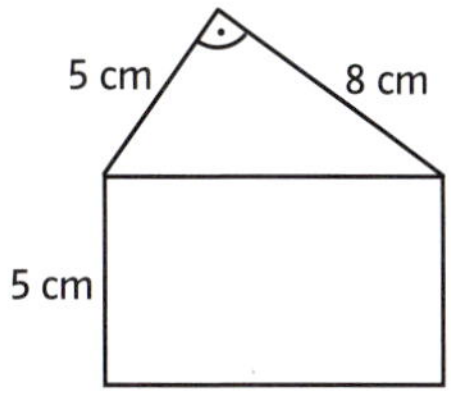

b)

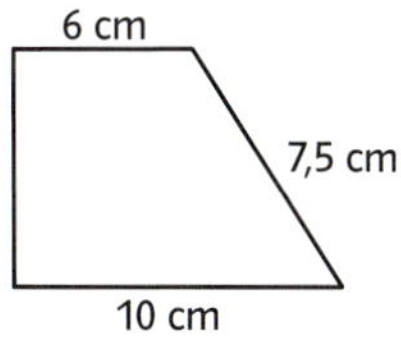

4

Berechne den Umfang und den Inhalt des symmetrischen Trapezes.

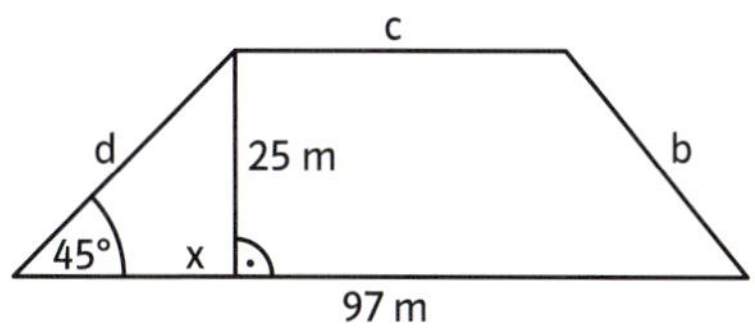

5

Berechne die Gesamthöhe des doppelten Trapezes.

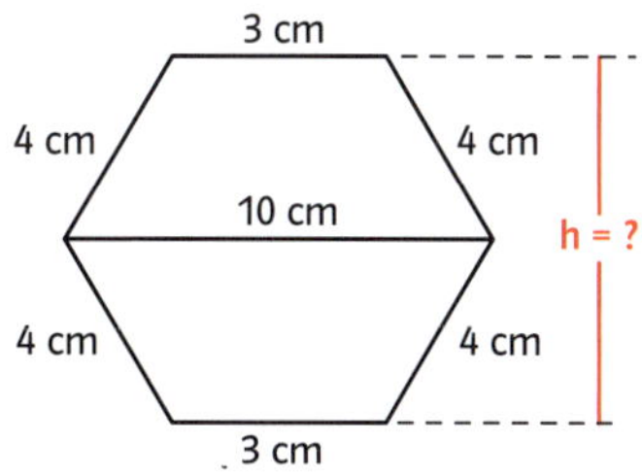

6

Gegeben ist ein Drachen ABCD. Die Diagonalen stehen senkrecht aufeinander. Die lange Diagonale f wird von der kurzen Diagonalen e im Verhältnis 2 : 1 geteilt. Berechne den Umfang des Drachens, wenn $\overline{BC} = b = 50\,\text{cm}$ und $\overline{BD} = e = 40\,\text{cm}$ lang sind.

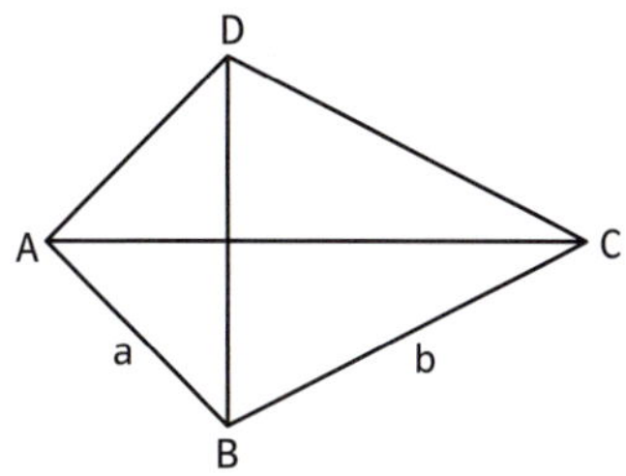

5.3 Berechnungen an Körpern

So wendest du den Satz des Pythagoras bei der Berechnung von Körpern an

Wichtig: Im Raum stehende Dreiecke erscheinen oft nicht rechtwinklig, da sie verzerrt in den Schrägbildern eingetragen sind.
Überlege und prüfe genau, wo rechte Winkel vorkommen und zeichne notfalls das im Raum stehende Dreieck als rechtwinkliges Dreieck noch mal daneben.

Beispiel:
In einem Würfel sind die Flächen- und die Raumdiagonale zu berechnen.

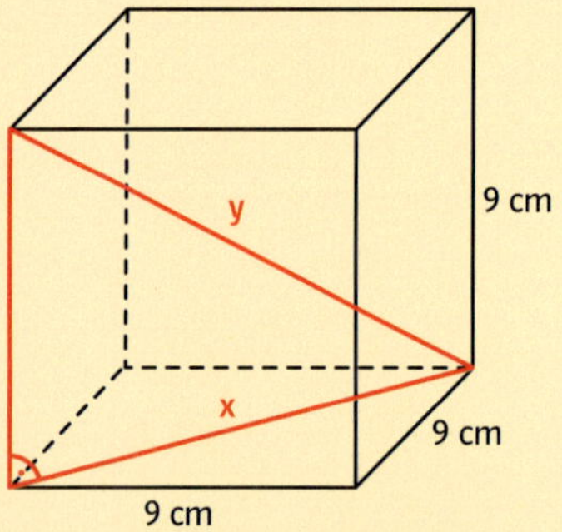

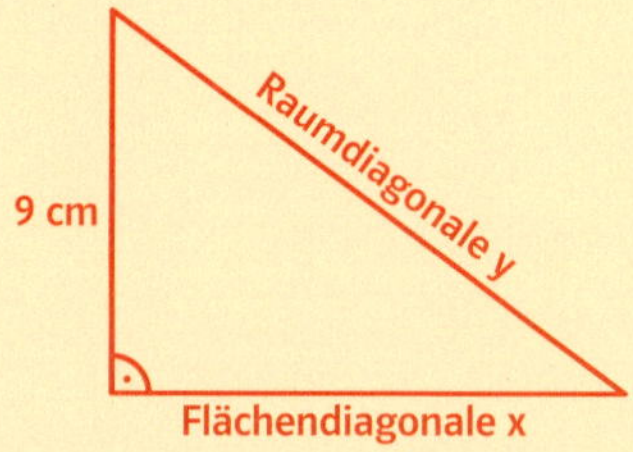

Berechnung der Flächendiagonalen x: $x^2 = 9^2 + 9^2$ $\Rightarrow$ **$x \approx 12{,}7\,cm$**
Berechnung der Raumdiagonalen y: $y^2 = 9^2 + 12{,}7^2$ $\Rightarrow$ **$y \approx 15{,}6\,cm$**

1

Berechne die roten Strecken.

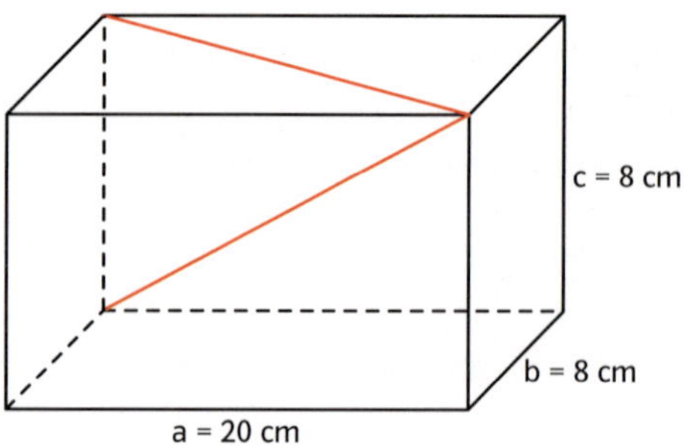

2

Berechne die Fläche des Schnittdreiecks der quadratischen Pyramide.

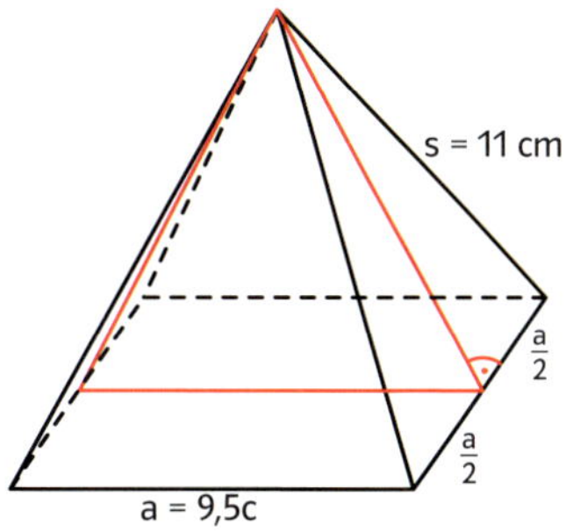

3

Berechne die gefärbte Schnittfläche des Würfels mit der Kantenlänge a = 8 cm.

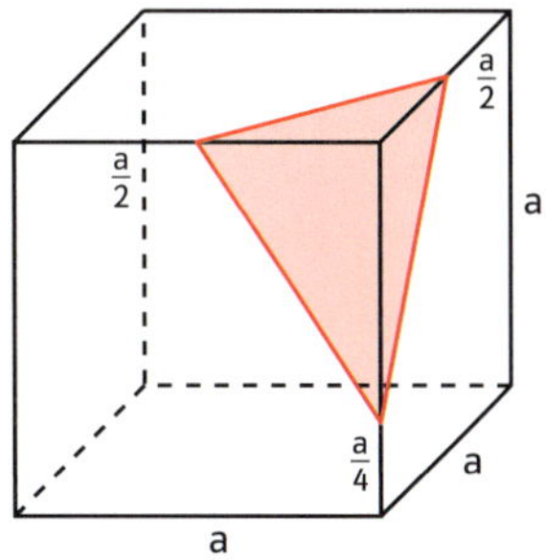

4

Berechne den Umfang des roten Schnittdreiecks.

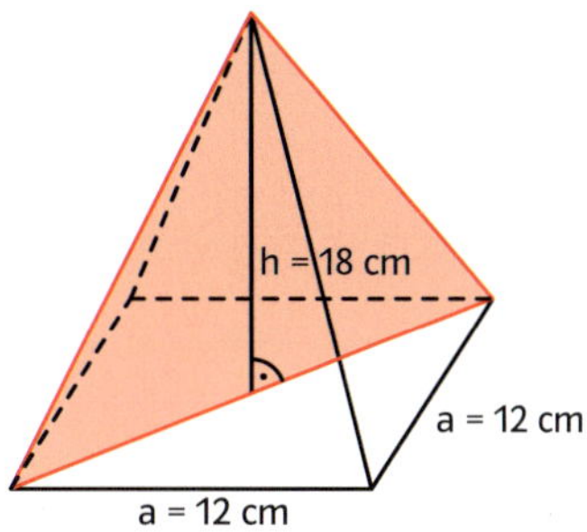

5

Berechne die Länge der Strecke $\overline{MS}$ für a = 4 cm.

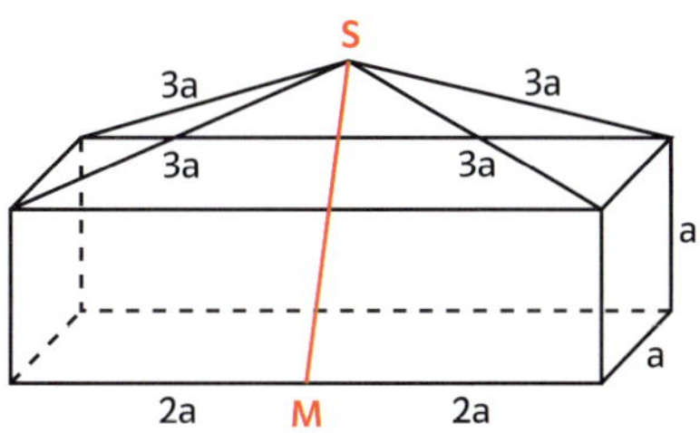

5.4 Rechnen mit Formvariabeln

So löst du Aufgaben mit Formvariablen

In vielen Aufgaben wird nicht nach einer Lösung mit bestimmten Zahlenwerten gefragt, sondern nach einer allgemeinen **Lösungsformel**.
In einer solchen Lösungsformel werden so genannte **Formvariable** verwendet.
Beachte: Meist ist bei solchen Aufgaben ein Rechnen mit gerundeten Werten nicht erlaubt. Du darfst dann z. B. $\sqrt{2}$ nicht ausrechnen, es bleibt stehen.

1. Beispiel:
Berechne die Diagonale eines Rechtecks mit den Seitenlängen a und b.

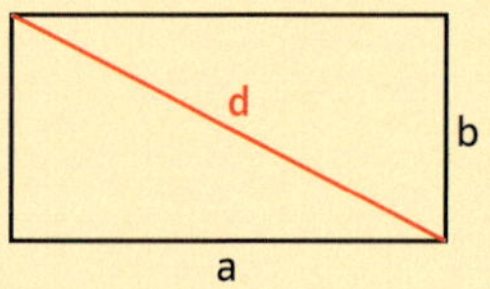

$d^2 = a^2 + b^2 \quad | \sqrt{\ }$
$d = \sqrt{a^2 + b^2}$

2. Beispiel:
Berechne Höhe und Flächeninhalt eines gleichseitigen Dreiecks.

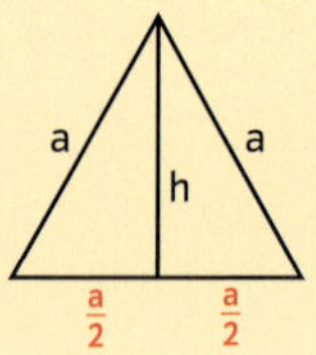

$h^2 = a^2 - \left(\frac{a}{2}\right)^2$

$h^2 = a^2 - \frac{a^2}{4} = \frac{3}{4}a^2 \quad | \sqrt{\ }$

$h = \frac{a}{2}\sqrt{3}$

$F = \frac{1}{2}a \cdot h = \frac{1}{2}a \cdot \frac{a}{2}\sqrt{3} = \frac{1}{4}a^2\sqrt{3}$

1
Wie lang ist die dritte Seite des Dreiecks?

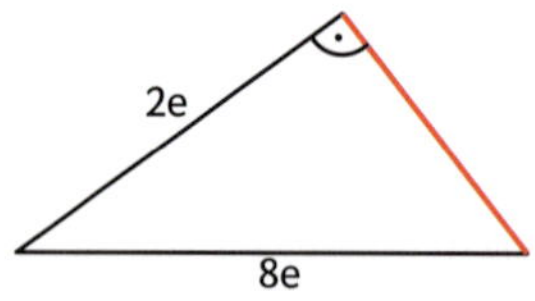

2

Berechne den Umfang des gleichschenkligen Dreiecks.

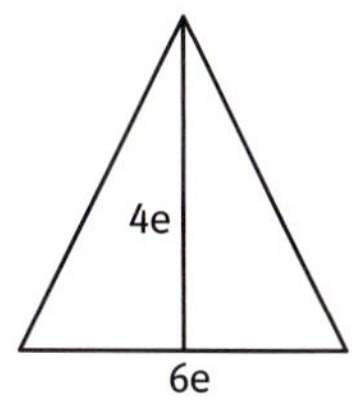

3

Berechne Umfang und Flächeninhalt des rechtwinkligen Trapezes in Abhängigkeit von e.

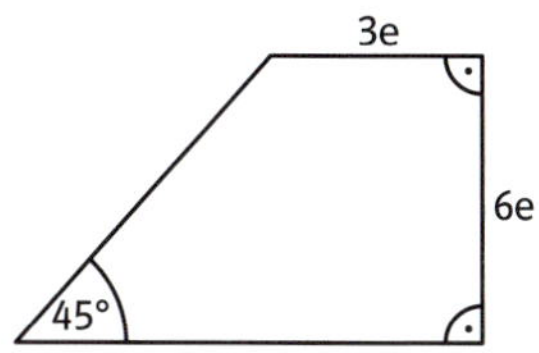

4

Bestimme u und A.

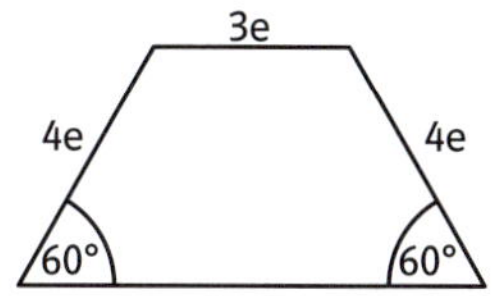

5

In dieser Figur kannst du mit nur einer Streckenangabe Umfang und Flächeninhalt berechnen.

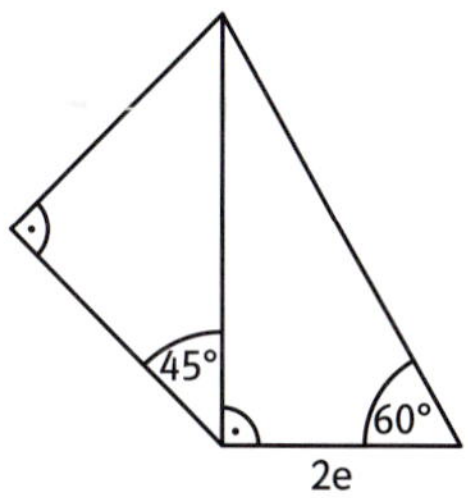

5.5 Anwendungsaufgaben

So löst du Anwendungsaufgaben

Überlege stets, wo in der Aufgabe rechtwinklige Dreiecke vorkommen. Dann kannst du mit dem Satz des Pythagoras und anderen Formeln die gesuchten Größen berechnen.

Beispiel:

In einen Kreis mit 30 cm Durchmesser soll ein größtmögliches, gleichseitiges Dreieck gelegt werden. Berechne seine Seitenlänge.

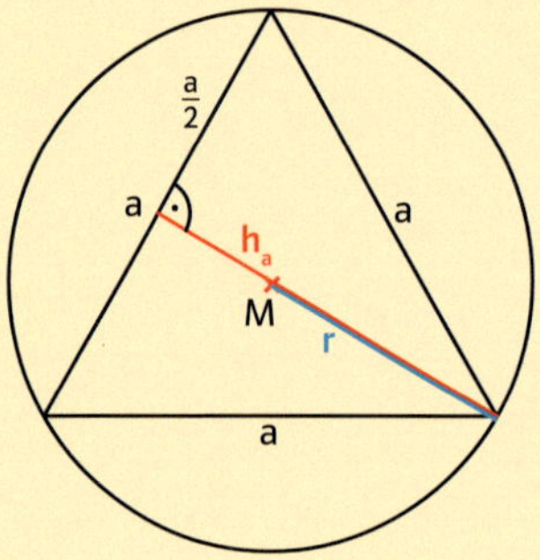

Der Radius des Kreises beträgt 15 cm. Der Mittelpunkt des Kreises ist im gesuchten Dreieck der Schnittpunkt der Höhen, der Winkelhalbierenden und der Schwerlinien.

Wie du weißt, teilen sich die Schwerlinien, die identisch mit den Höhen sind, im Verhältnis 2 : 1.

Daraus folgt:

$r = \frac{2}{3}h_a \Rightarrow h_a = 22{,}5\,\text{cm}$

Nun kannst du a berechnen: $h_a = \frac{a}{2}\sqrt{3} \Rightarrow 22{,}5 = \frac{a}{2}\sqrt{3} \quad | \cdot 2$

$45 = a\sqrt{3} \quad | : \sqrt{3}$

$\mathbf{a \approx 26\,cm}$

Die Seitenlänge des einbeschriebenen Dreiecks ist ca. 26 cm lang.

1

Wie hoch reicht eine 4 m lange Leiter, wenn sie 0,75 m von der Wand entfernt aufgestellt wird und an der Wand lehnt? Fertige eine Skizze an.

2

Drei Käfer wollen auf einem Quader von A nach G laufen. Jeder wählt einen anderen Weg. Welcher ist der kürzeste?

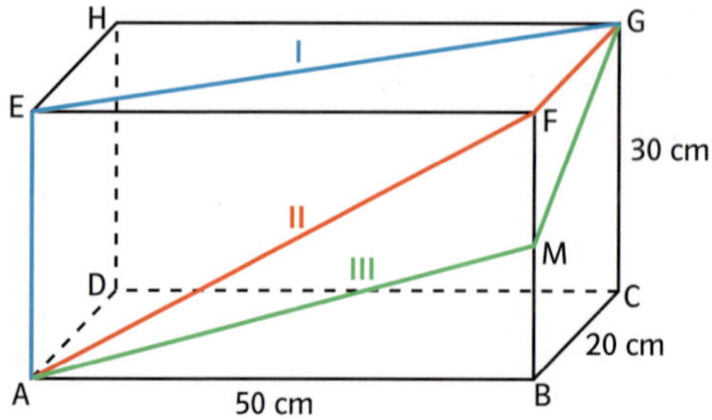

3

In einen Kreis mit r = 6 cm soll ein möglichst großes Quadrat einbeschrieben werden.
Wie lang ist eine Quadratseite?

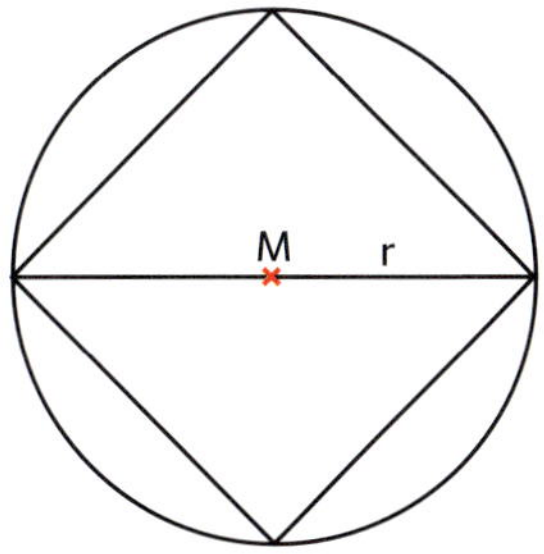

4

Eine Schwimmboje hat als Querschnitt die Form einer Raute. Der Umfang der Raute beträgt 168 cm. In der Mitte ist sie 35 cm breit. Wie hoch ist die Boje?

5

Das Dach eines Kirchturms soll neu gedeckt werden. Die Dachschräge s ist 4 m lang, die Grundseite a ist 2,50 m lang.
Welche Fläche muss gedeckt werden?

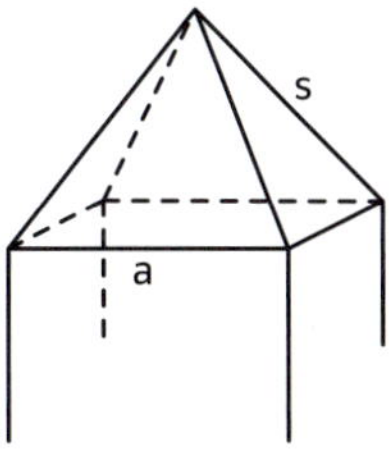

6

Eine Straße hat ein Gefälle von 12 %, das heißt, auf 100 m Länge geht es 12 m nach unten. Wie lang ist der Straßenabschnitt?

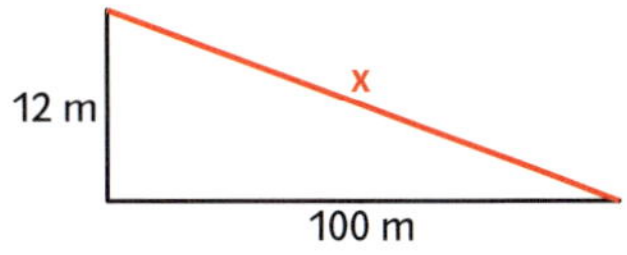

7

Ein Graben hat als Querschnitt ein symmetrisches Trapez.
Wie tief ist er?

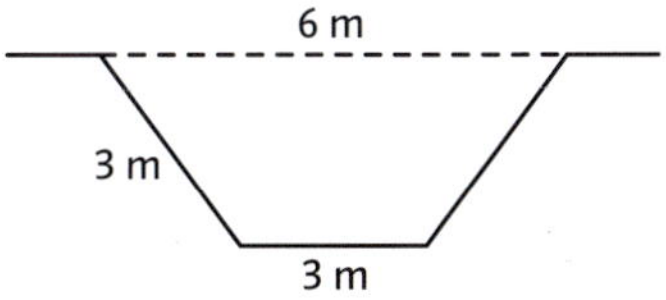

1

Berechne die fehlenden Teile h, q, c.
Gegeben: p = 2,3 cm,
b = 4 cm und a = 5,7 cm.

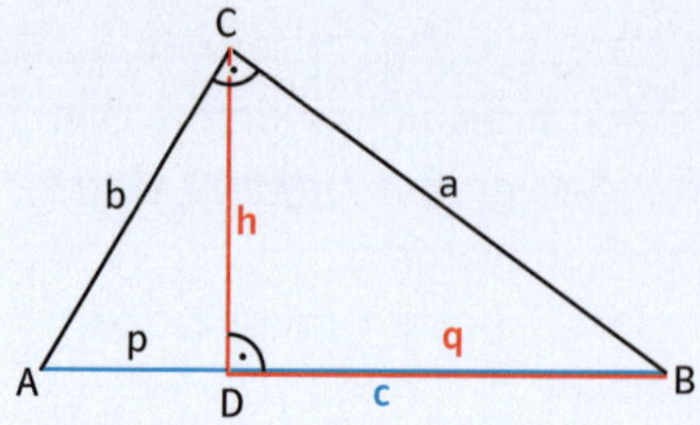

Punkte: max.3

2

Berechne Umfang und Flächeninhalt der Gesamtfigur.

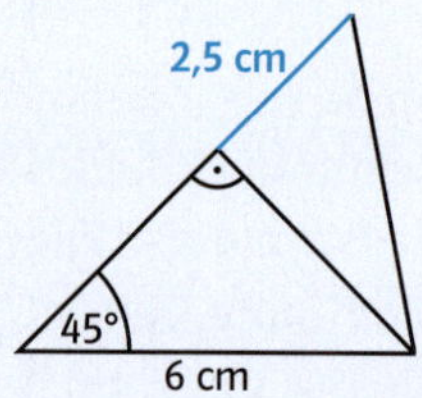

Punkte: max.4

3

In einer quadratischen Pyramide mit $\overline{AB} = a = 12$ cm und $\overline{AS} = s = 20$ cm liegt der Streckenzug AEF mit 17,5 cm Länge. Die Strecke $\overline{EF}$ ist 6 cm lang. Wie groß ist die Fläche des Dreiecks AES?

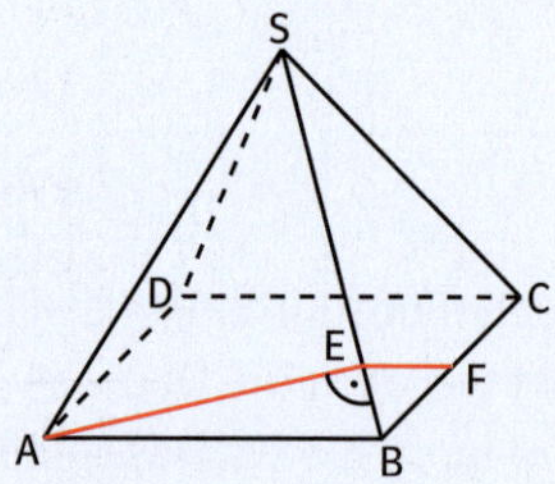

Punkte: max.4

4

Im rechtwinkligen Trapez sind $\overline{AB} = 6e$ und $\overline{AD} = 4e\sqrt{3}$.
Berechne den Umfang des Trapezes, wenn $\beta = 60°$ beträgt.

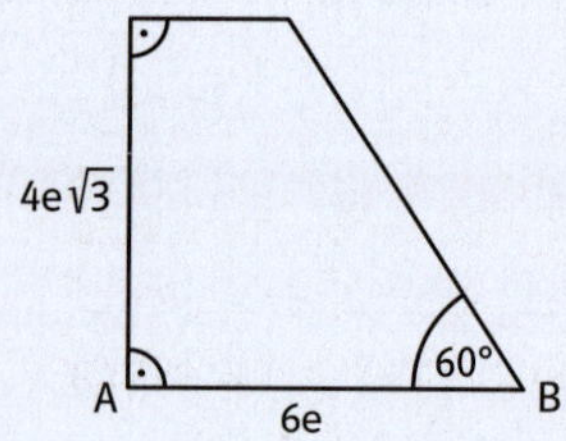

Punkte: max.5

5

Ein Hanggrundstück hat die Form eines Rechtecks und ist 20 m breit.
Die Horizontalstrecke beträgt 30 m.
Die Höhendifferenz ist 5 m.
Wie groß ist das Grundstück in Ar?

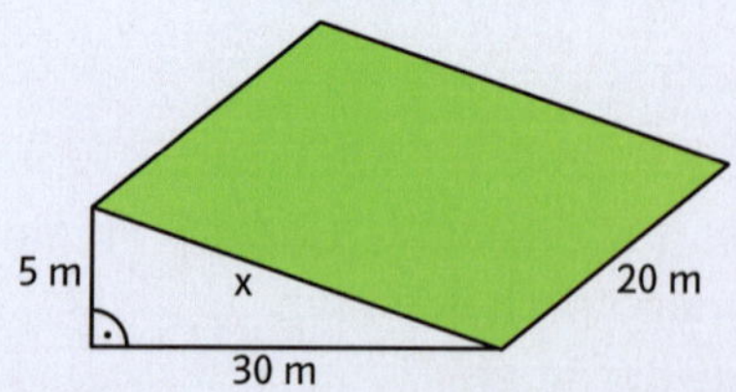

Punkte: max.3

Gesamtpunkte: max.19

Aufgaben Nummer	erreichte Punktzahl von (...)	Lernerfolg	Lerneinheit abhaken ✓
1	_____ (3)	Wenn du diese Aufgabe richtig gelöst hast, dann kannst du den Satz des Pythagoras auch in Teildreiecken anwenden. Du kannst den ersten Lernabschnitt abhaken.	5.1
2	_____ (4)	Bei dieser Aufgabe konntest du zeigen, ob du den Satz des Pythagoras auch an allgemeinen ebenen Figuren anwenden kannst. Ist die Lösung geglückt, dann hake den Lernabschnitt ab.	5.2
3	_____ (4)	Diese Aufgabe ist bereits im Stil einer Prüfungsaufgabe. Sie erfordert räumliches Vorstellungsvermögen. Wenn du 4 Punkte erreicht hast, dann hake diesen Lernabschnitt ab.	5.3
4	_____ (5)	Wenn du diese Aufgabe richtig gelöst hast, ist das eine gute Leistung. Sie enthält Variable und du musst mit Wurzeln rechnen.	5.4
5	_____ (3)	Bei dieser Aufgabe musstest du zusätzlich den Text verstehen, und es dir räumlich vorstellen können. Eine anspruchsvolle Aufgabe: Gut, wenn du sie richtig gelöst hast.	5.5

14 – 19 Punkte	8 – 13 Punkte	0 – 7 Punkte
Du hast dein Ziel erreicht. Dieses Kapitel beherrschst du. Hake den Lernabschnitt ab.	Mit diesem Ergebnis wirst du nicht ganz zufrieden sein. Schau, wo deine Fehler liegen und übe diese Aufgaben nochmals.	Leider hast du wenig Erfolg in diesem Test. Arbeite dieses Kapitel nochmals sorgfältig durch. Der Aufwand wird sich für dich lohnen.

6 Kreis und Kreisberechnungen

6.1 Kreisumfang

So berechnest du den Umfang eines Kreises

Jeder Kreis hat einen Mittelpunkt M. Der Durchmesser d geht durch den Mittelpunkt und ist doppelt so lang wie der Radius.

d = 2r

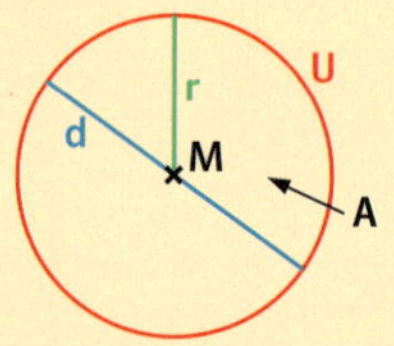

Alle Punkte, die von M den gleichen Abstand haben, liegen auf der Kreislinie mit dem Umfang U.
Der Quotient aus Umfang und Durchmesser ist für alle Kreise die konstante Zahl π (Pi): $\frac{U}{d} = \pi$ oder $\frac{U}{2r} = \pi$.
Daraus folgt: $\mathbf{U = \pi \cdot d}$ oder $\mathbf{U = 2 \cdot \pi \cdot r}$.
Die Kreiszahl $\pi = 3{,}141592654\ldots$ ist eine Zahl mit unendlich vielen Nachkommastellen. Sie ist nicht periodisch und nicht durch einen Bruch auszudrücken. Als Näherung wird häufig 3,14 verwendet.
Dein TR hat sie gespeichert: [π]

Beispiele:

$r = 7{,}5\,\text{cm};\ U = ?$
$U = 2 \cdot 7{,}5 \cdot \pi$
$\mathbf{U \approx 47{,}1\,cm}$

$U = 26\,\text{cm};\ r = ?$
$26 = 2 \cdot r \cdot \pi$
$\mathbf{r = \frac{26}{2 \cdot \pi} \approx 4{,}1\,cm}$

1

Berechne jeweils U.

a) $r = 2{,}6\,\text{cm}$ b) $d = 8{,}1\,\text{cm}$ c) $r = 0{,}8\,\text{m}$

2

Berechne jeweils r.

a) $U = 28{,}3\,\text{cm}$ b) $U = 113{,}1\,\text{cm}$ c) $U = 22{,}6\,\text{m}$

3

Berechne jeweils d.

a) U = 78,5 cm b) U = 37,7 mm c) U = 1,88 m

4

Ein Metallband von 2 m Länge wird als Fassdaube verarbeitet. Dazu wird jeweils die Hälfte als Fassring gefertigt. Wie groß ist der Fassdurchmesser an dieser Stelle?

5

Berechne den Umfang der Figuren.

a)

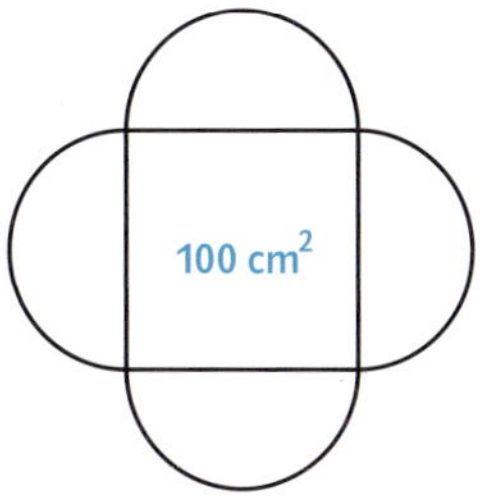

b)

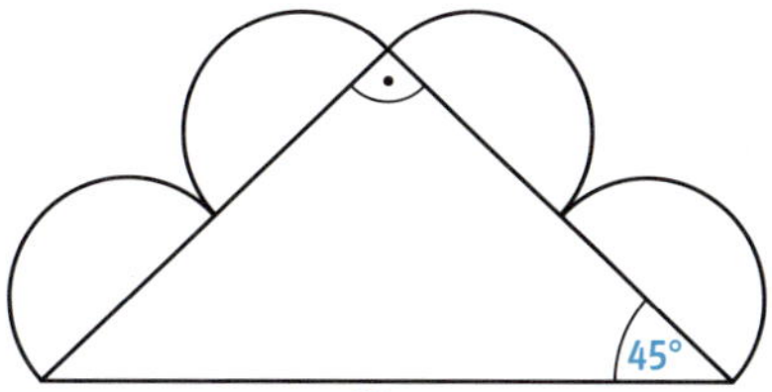

6

Im Giebel eines Hauses ist ein Förderrad mit 15 cm Durchmesser angebracht. Der Abstand zum Boden beträgt 6 m. Wie oft muss sich das Rad drehen, damit ein Gegenstand von unten hochgezogen werden kann?

7

Anjas Fahrrad hat Reifen mit 26 Zoll Durchmesser. (1 Zoll = 2,54 cm). Wie oft dreht sich ein Reifen, wenn Anja 3 km zur Schule radelt?

6.2 Kreisfläche

So berechnest du den Flächeninhalt eines Kreises

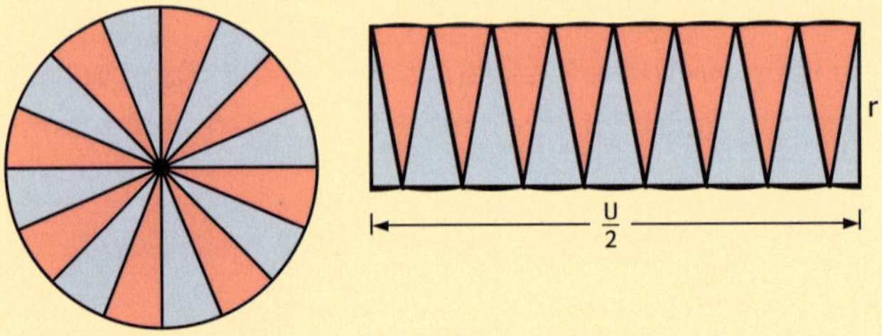

Die Kreisfläche berechnet sich aus

$A = \frac{U}{2} \cdot r \Rightarrow A = \frac{2 \cdot \pi \cdot r}{2} \cdot r$, weil $U = 2 \cdot \pi \cdot r$ und $\frac{U}{2} = \pi \cdot r$.

Also gilt: $\mathbf{A = \pi \cdot r^2}$.

Beispiele:

$r = 23\,cm$; $A = ?$
$A = 23^2 \cdot \pi$
$\mathbf{A \approx 1661{,}9\,cm^2}$

$A = 5\,m^2$; $d = ?$
$5 = r^2 \cdot \pi \quad | : \pi$
$r^2 \approx 1{,}59$
$r \approx 1{,}3\,m \Rightarrow \mathbf{d = 2{,}6\,m}$

$U = 15{,}8\,cm$ $A = ?$
$15{,}8 = 2 \cdot \pi \cdot r$
$r = 2{,}5\,cm$
$A = 2{,}5^2 \cdot \pi$
$\mathbf{A \approx 19{,}6\,cm^2}$

1

Berechne die Kreisfläche.

a) $r = 5\,cm$ b) $d = 18\,cm$ c) $U = 51{,}7\,cm$

2

Berechne, was in der Klammer angegeben ist.

a) $A = 98\,cm^2$ (r) b) $A = 42\,dm^2$ (d) c) $A = 156\,cm^2$ (u)

3

Diese Teilflächen von Kreisen kannst du problemlos berechnen.

a)
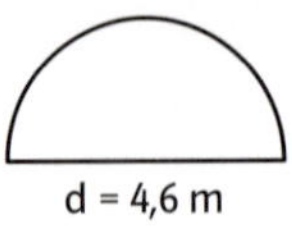

b)
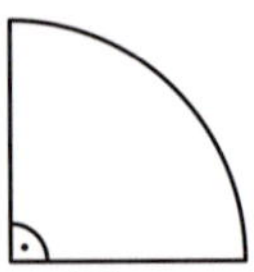

c)

4

Berechne die zusammengesetzten Flächen.

a)

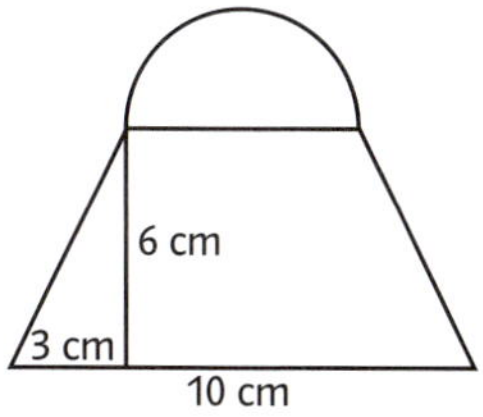

b)

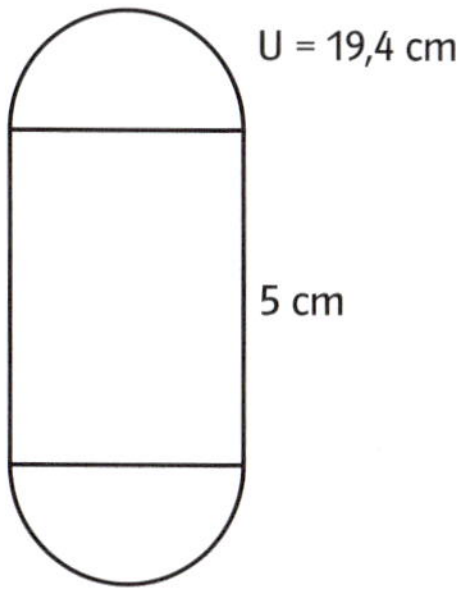

5

Wie viele 1 € Münzen haben auf einem Rechteck von 10 × 6 cm Platz?
Der Umfang einer 1 Euro-Münze ist U = 7,23 cm.

6.3 Kreisteile

So berechnest du Kreisbögen und Kreisausschnitte

Für die Berechnung von Kreisbögen und Kreisausschnitten benötigst du den zugehörigen Mittelpunktswinkel und den Radius.

α ist der Mittelpunktswinkel
b ist der zugehörige Kreisbogen
r ist der Radius

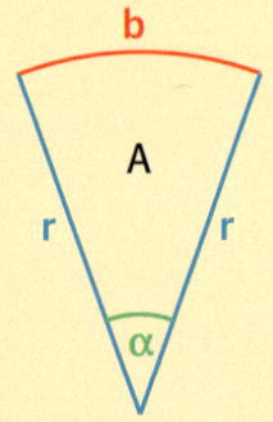

$A = \pi \cdot r^2 \cdot \frac{\alpha}{360°}$

$b = 2 \cdot \pi \cdot r \cdot \frac{\alpha}{360°} = \pi \cdot r \cdot \frac{\alpha}{180°}$

$A = \frac{b \cdot r}{2}$

Die Formel $\frac{b \cdot r}{2}$ ist aus den ersten beiden Formeln entstanden.

Beispiele:

gegeben:
$r = 11\,cm$; $\alpha = 80°$
gesucht: A
$A = \pi \cdot 11^2 \cdot \frac{80°}{360°}$
$A \approx 84{,}5\,cm^2$

gegeben:
$b = 15{,}4\,cm$; $\alpha = 80°$
gesucht: r
$15{,}4 = \pi \cdot r \cdot \frac{80°}{180°}$
$\frac{15{,}4 \cdot 180°}{\pi \cdot 80°} = r$
$r \approx 11{,}0\,cm$

gegeben:
$A = 72\,cm^2$; $r = 20\,cm$
gesucht: α
$72 = \pi \cdot 20^2 \cdot \frac{\alpha}{360°}$
$25\,920 = \pi \cdot 400 \cdot \alpha$
$\alpha \approx 20{,}6°$

1

Manche Kreisausschnitte lassen sich mithilfe des Anteils an der Kreisfläche berechnen. Ergänze die Tabelle.

	Halbkreis	Viertelkreis	Drittelkreis	Sechstelkreis	Achtelkreis	Fünftelkreis	Neuntelkreis	Zehntelkreis
α	180°			60°				
A-Anteil	$\frac{1}{2} \cdot A$						$\frac{1}{9} \cdot A$	

2

Berechne von den Kreisausschnitten, was in Klammer steht.

a) $r = 28\,cm$, $\alpha = 65°$ (A)

b) $d = 3\,m$, $A = 5\,m^2$ (α)

c) $d = 35\,cm$, $\alpha = 46°$ (b)

d) $A = 100\,cm^2$, $\alpha = 50°$ (r)

e) $b = 75\,cm$, $r = 52\,cm$ (α)

f) $A = 215\,cm^2$, $r = 69\,cm$ (b)

3

In einem Garten soll eine Fläche für eine Sitzgelegenheit gepflastert werden.

a) Wie viele m^2 Steine sind dazu nötig?

b) Anschließend soll der gesamte Sitzbereich mit andersfarbigen Steinen eingefasst werden.

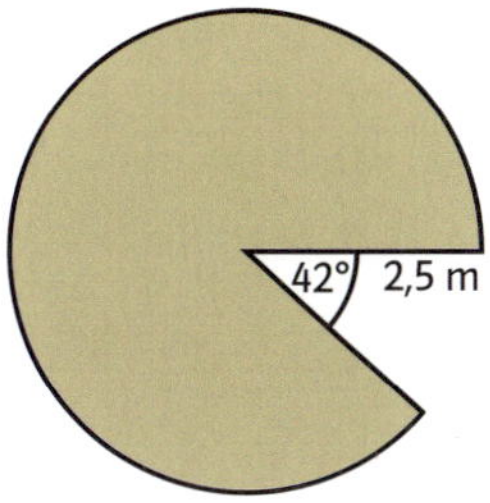

4

Berechne Flächeninhalt und Umfang der grünen Fläche, wenn der äußere Radius $r_1 = 17{,}5\,cm$ misst und die Bogenbreite $x = 6{,}8\,cm$ beträgt.

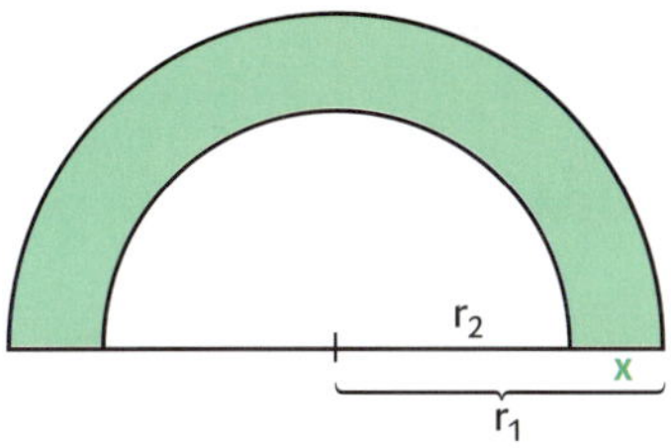

1

Berechne jeweils die fehlende Größe r, d, U und A

Punkte: max.4,5

a) d = 9,7 cm   b) U = 126 cm   c) A = 79,9 cm^2

2

Ein 1 m langer fester Golddraht soll zu Ringen mit d = 17 mm gebogen werden. Wie viele Ringe sind daraus herstellbar?

Punkte: max.2

3

Der äußere Radius eines Kreisrings beträgt 45 cm. Wie breit ist der Kreisring, wenn die innere weiße Fläche und die Fläche des Kreisrings gleich sein sollen?

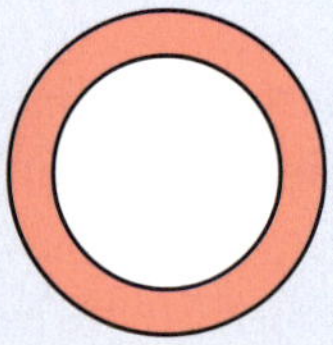

Punkte: max.3

4

Berechne die gelbe Fläche.

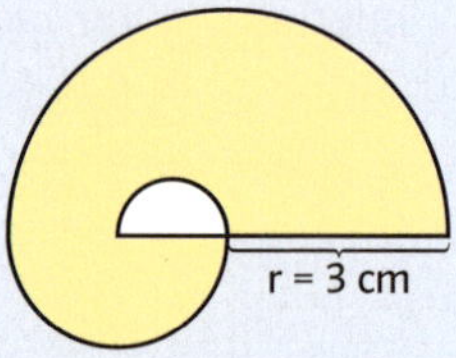

Punkte: max.4

5

Berechne die grüne Fläche.

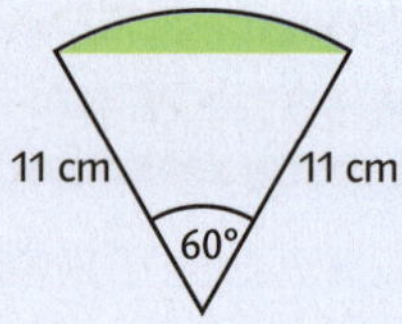

Punkte: max.2,5

6

Der Kreis hat einen Radius von 10 cm.
Wie lang ist eine Dreieckseite?

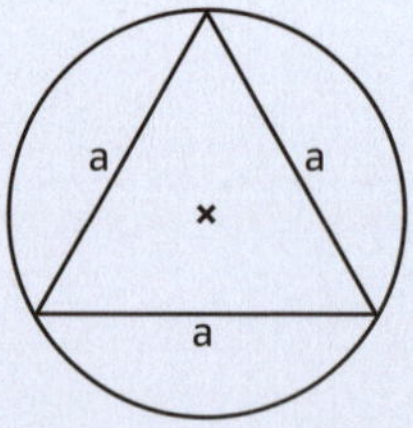

Punkte: max.4

Gesamtpunkte: max.20

Aufgaben Nummer	erreichte Punktzahl von (...)	Lernerfolg	Lerneinheit abhaken ✓
1 2	_____ (4,5) _____ (2)	Diese Grundaufgaben solltest du alle umformen und lösen können.	6.1 6.2
3	_____ (3)	Wenn du alle Punkte erreicht hast, kannst du mit den Bedingungen eines Kreisrings umgehen.	6.2
4	_____ (4)	Hier musstest du die Zusammensetzung erkennen und die Radien ableiten.	6.3
5	_____ (2,5)	Diese Aufgabe erfordert nicht nur Kenntnis über Kreisausschnitte, sondern auch Kenntnis über die Fläche des gleichseitigen Dreiecks.	6.3
6	_____ (4)	Wenn du hier die richtigen Ergebnisse erzielt hast, bist du wirklich gut. Die Besonderheit der Höhe im Dreieck darfst du ruhig nachschlagen.	6.3

15 – 20 Punkte	8 – 14 Punkte	0 – 7 Punkte
Prima, du hast viel gelernt und bist fit in diesem Kapitel. Hake es ab.	Du kannst schon einiges, aber es gibt noch Lücken. Wiederhole die Abschnitte, die noch nicht richtig sitzen. Es lohnt sich.	Schade, dein Erfolg ist mager ausgefallen. Arbeite doch das Kapitel nochmals in Ruhe durch, dann wird dein Ergebnis besser sein.

7 Zylinder

7.1 Oberfläche des Zylinders

So berechnest du die Oberfläche von Zylindern

Der Zylinder ist ein Rollkörper und mit den Prismen verwandt. Seine Grund- und Deckfläche sind kongruente Kreise und liegen parallel. Der Mantel besteht (abgerollt) aus einem Rechteck.

Schrägbild

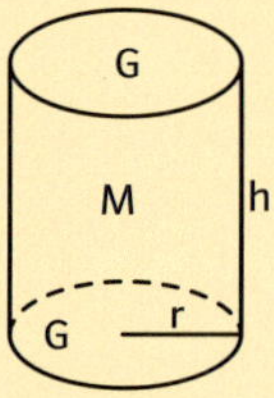

Netz

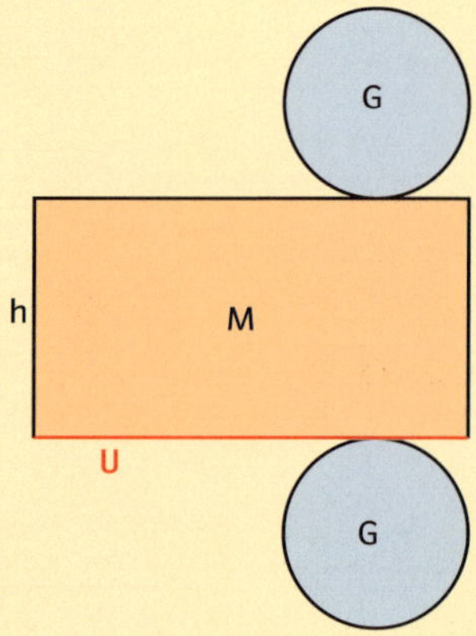

Die **Mantelfläche** hat den Flächeninhalt $M = U \cdot h$, mit $U = 2 \cdot \pi \cdot r \Rightarrow M = 2\pi \cdot r \cdot h$.
Für die Berechnung des Flächeninhalts der **Oberfläche** addierst du **Grund-** und **Deckfläche** zur Mantelfläche:

$O = 2 \cdot G + M$

$O = 2 \cdot \pi \cdot r^2 + 2\pi \cdot r \cdot h$

$\mathbf{O = 2 \cdot \pi \cdot r(r + h)}$

Beispiele:

a) Gegeben: $r = 5\,cm$ und $h = 8\,cm$; gesucht: M und O
$M = 2\pi \cdot r \cdot h = 2\pi \cdot 5 \cdot 8 \approx \mathbf{251\,cm^2}$; $O = 2 \cdot \pi \cdot r^2 + M = 2\pi \cdot 5^2 + 251 \approx \mathbf{408\,cm^2}$

b) $O = 530{,}4\,cm^2$ und $r = 4{,}7\,cm$; gesucht: h
$530{,}4 = 2 \cdot \pi \cdot 4{,}7^2 + 2\pi \cdot 4{,}7 \cdot h$
$530{,}4 \approx 138{,}8 + 29{,}5 \cdot h \quad | -138{,}8$
$391{,}6 = 29{,}5 \cdot h \quad | :29{,}5$
$\mathbf{h = 13{,}3\,cm}$

c) Gegeben: $O = 245\,cm^2$ und $h = 10\,cm$; gesucht: r
$245 = 2\pi \cdot r(r + 10) \quad | :2\pi$
$39 \approx r^2 + 10r$
$0 = r^2 + 10r - 39$ **(Normalform der quadratischen Gleichung)**
$r_{1,2} = -5 \pm \sqrt{25 + 39} = -5 \pm \sqrt{64} = -5 \pm 8$
$\mathbf{r = 3\,cm}$ (−13 ist keine Lösung)

1

Berechne, was in Klammer angegeben ist.

a) $r = 4{,}5\,cm$, $h = 9{,}8\,cm$; (O)
b) $d = 17\,cm$; $h = 9\,cm$ (M)
c) $M = 370\,cm^2$; $h = 12\,cm$; (r)
d) $O = 561\,cm^2$; $r = 6\,cm$ (h)
e) $M = 145\,m^2$; $r = 7\,m$ (h)
f) $O = 0{,}5\,l$; $h = 18\,cm$ (r)

2

Zwei Zylinder haben folgende Maße:
Zylinder 1: $r = 5{,}5\,cm$; $h = 9\,cm$
Zylinder 2: $r = 9\,cm$; $h = 5{,}5\,cm$

a) Welcher Zylinder hat die größere Oberfläche?
b) Um wie viel unterscheiden sich ihre Oberflächen?

3

Eine Litfaßsäule für Plakate hat einen Durchmesser von 1,20 m und eine Höhe von 2,50 m (ohne Sockel und Deckplatte).
Wie groß ist die Fläche, die beklebt werden kann?

4

Die Walze einer kleinen Straßenbaumaschine ist 1,80 m lang und hat einen Durchmesser von 70 cm. Wie oft muss sich die Walze drehen, um ein Stück Asphalt von 50 m Länge und 3,6 m Breite glatt zu walzen?

5

Ein 3 m langes Rohr wurde halbiert. Wie groß ist seine Oberfläche, wenn der innere Radius 40 cm beträgt und die Wand 8 cm dick ist?

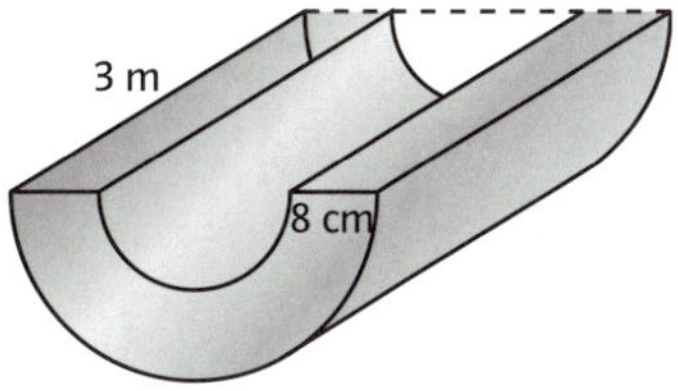

7.2 Volumen des Zylinders

Das Volumen von Zylindern wird so wie das Volumen von Prismen berechnet.

So berechnest du das Volumen von Zylindern

Für das **Volumen** eines Zylinders gilt: $V = G \cdot h$.
Mit $G = \pi \cdot r^2$ gilt dann: $\mathbf{V = \pi \cdot r^2 \cdot h}$.

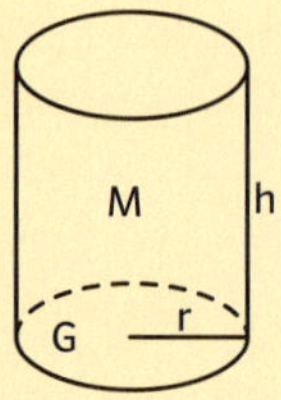

Beispiele:

a) Gegeben: $r = 24\,cm$ und $h \approx 65\,cm$
gesucht: V
$V = \pi \cdot 24^2 \cdot 65 \approx \mathbf{117\,621\,cm^3}$
Du kannst auch in die nächst höhere Einheit umrechnen:
$(1\,dm^3 = 1000\,cm^3) \Rightarrow V \approx 118\,dm^3$

b) Gegeben: $V = 2232\,cm^3$ und $h = 14{,}5\,cm$
gesucht: r
$2232 = \pi \cdot r^2 \cdot 14{,}5 \quad | : 14{,}5$
$154 = \pi \cdot r^2 \quad | : \pi$
$r^2 \approx 49 \quad | \sqrt{\ }$
$\mathbf{r = 7\,cm}$

1

Berechne die angegebene Größe.

a) $V = 500\,l$; $h = 8\,cm$; $r = ?$

b) $V = 0{,}9\,m^3$; $r = 50\,cm$; $h = ?$

2

Ein Zylinder hat die Maße $d = h = 15\,cm$. Welche Kantenlänge hat ein volumengleicher Würfel?

3

Ein Wasserspeicher hat die Form eines Zylinders von 1 m Höhe.
Der Durchmesser beträgt 1,10 m. Er enthält zur Zeit 500 l Wasser.

a) Wie hoch ist der Wasserstand?

b) Durch starken Regen steigt der Wasserspiegel auf 75 % der Speicherkapazität. Wie hoch ist der neue Wasserstand?

4

In einer Schule werden Versuche mit Wasser durchgeführt. Dazu muss der Inhalt eines 6-Liter Gefäßes in kleinere Zylinder umgefüllt werden. Diese haben alle die Höhe 18 cm und einen Durchmesser von 4 cm.
Wie viele Zylinder werden gebraucht?

5

Berechne vom Zylinder, was in der Klammer angegeben ist.

a) $O = 1659\,cm^2$; $M = 1257\,cm^2$ (V)

b) $V = 282{,}7\,cm^3$; $M = 188{,}5\,cm^2$ (O)

7.3 Zusammengesetzte Körper

In der Realität sind viele Körper aus einzelnen Körpern zusammengesetzt. Ihr Volumen oder ihre Oberfläche wird mithilfe der einzelnen Körper berechnet.

So berechnest du zusammengesetzte Körper

Das Volumen zusammengesetzter oder ausgebohrter Körper berechnest du als Summe oder Differenz der Einzelvolumen.
Die gesamte Oberfläche musst du aus allen Teilflächen berechnen, die du mit dem Finger berühren könntest. Die „Klebeflächen" der Teilfiguren zählen nicht zur Oberfläche.

Beispiel:

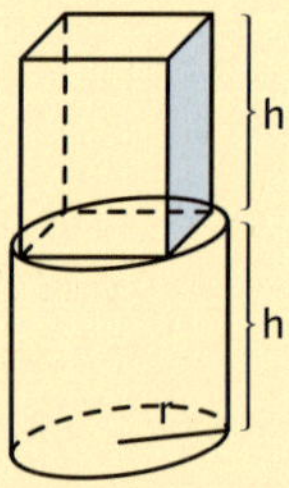

Auf einen Zylinder mit $r = 9\,\text{cm}$ und $h = 32\,\text{cm}$ ist ein gleich hoher Quader mit größtmöglicher quadratischer Grundkante aufgesetzt. Berechne Volumen und Oberfläche des Körpers.
Der Radius des Zylinders ist gleich der Hälfte der Länge der Diagonalen im Quader: $2 \cdot r = d = a\sqrt{2}$

$$a = \frac{18}{\sqrt{2}}$$

$$a = 12{,}7\,\text{cm}$$

Berechnung von V:

$$\begin{aligned} V &= V_{Zyl} + V_{Quader} \\ &= \pi \cdot r^2 \cdot h + a^2 \cdot h \\ &= \pi \cdot 9^2 \cdot 32 + 12{,}7^2 \cdot 32 \\ &\approx 8143 + 5161 \\ &= 13\,304\,\text{cm}^3 = \mathbf{13{,}3\,dm^3} \end{aligned}$$

Berechnung von O:

$$O = G_0 + M_{Zyl} + (G_0 - a^2) + M_{Quader} + a^2$$

oder kürzer:

$$\begin{aligned} O &= O_{Zyl} + M_{Quader} \\ &= 2\pi \cdot r(r + h) + 4 \cdot a \cdot h \\ &= 2\pi \cdot 9(9 + 32) + 4 \cdot 12{,}7 \cdot 32 \\ &\approx 2318 + 1626 \\ &= \mathbf{3943\,cm^2} \end{aligned}$$

1

Aus einem Würfel mit der Kantenlänge a = 12 cm wurde ein größtmöglicher Zylinder ausgehöhlt. Berechne Volumen und Oberfläche des Restkörpers. (Die Wandstärke am Rand bleibt unberücksichtigt.)

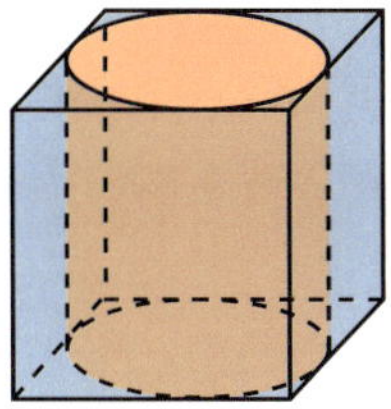

2

Ein Rohrstück ist 7 dm lang.
Der Außendurchmesser beträgt d_1 = 30 cm, die Wandstärke ist 4,5 cm.
Berechne V und O.

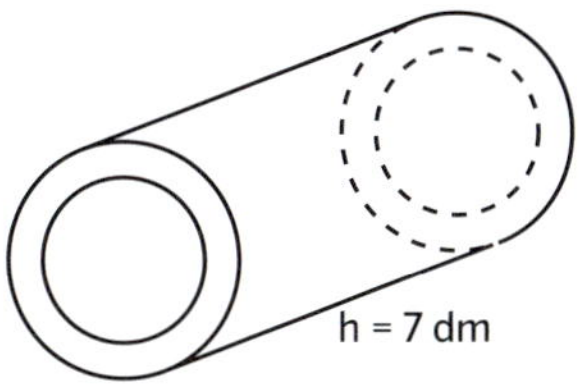

3

Ein Sportgerät besteht aus einem 40 cm langen Zylinder mit zwei 20 cm langen zylinderförmigen Griffen. Der Durchmesser der Griffe beträgt 2,5 cm; der Durchmesser des großen Zylinders ist 9 cm. Berechne das Gesamtvolumen.

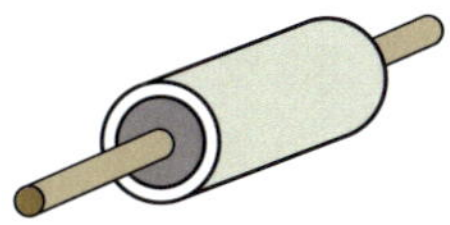

4

Ein Holzbaustein hat die Form einer Brücke.
Berechne die Oberfläche.

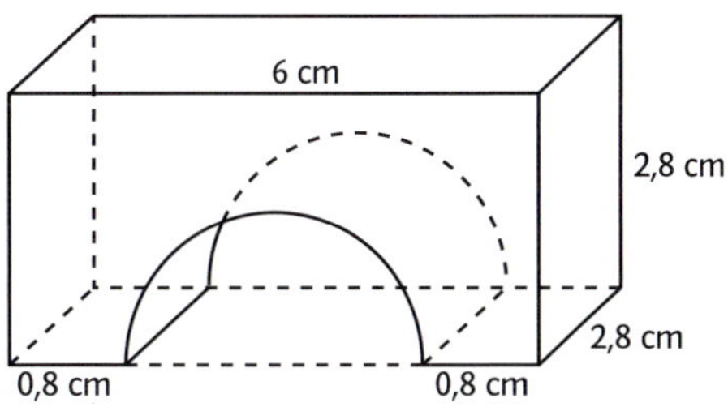

5

Ein Stadtbrunnen erhält einen gestuften Aufsatz. Die drei Stufen sind gleich hoch.
Der unterste Radius beträgt 50 cm. Nach oben wird der Radius jeweils halbiert. Welche Oberfläche ergibt sich für den Aufsatz, wenn das Volumen 144,3 dm^3 beträgt?

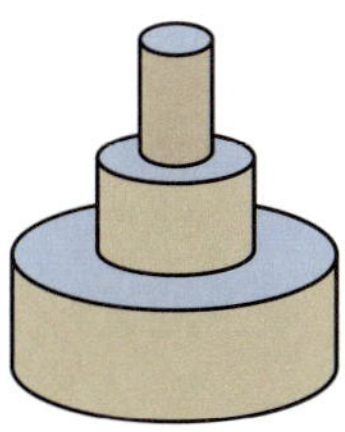

1

a) Die Höhe eines Zylinders beträgt 28 cm, der Mantel $M = 1144\,cm^2$.
Berechne den Radius des Grundkreises r.

b) Die Oberfläche eines Zylinders beträgt $O = 301{,}6\,cm^2$, die Höhe $h = 8\,cm$.
Berechne V.

Punkte: max.4

2

Eine zylindrische Vase ist 40 cm hoch und hat einen Radius von 5 cm. Wie viel Liter Wasser sind in der Vase, wenn das Wasser 25,5 cm hoch steht?

Punkte: max.3

3

Aus einem Klumpen Eisen von $200\,cm^3$ soll ein Draht mit einem Durchmesser von 2 mm hergestellt werden. Wie lang wird der Draht?

Punkte: max.2

4

Ein Zylinder hat einen Radius von 7,5 cm und einen Mantel von $471\,cm^2$.
Welche Oberfläche hat ein Würfel mit gleichem Volumen?

Punkte: max.4

5

Auf einen Würfel mit dem Rauminhalt $V = 512\,cm^3$ wird ein größtmöglicher Zylinder aufgesetzt.
Wie hoch darf dieser sein, wenn das Gesamtvolumen nicht mehr als $800\,cm^3$ betragen soll?

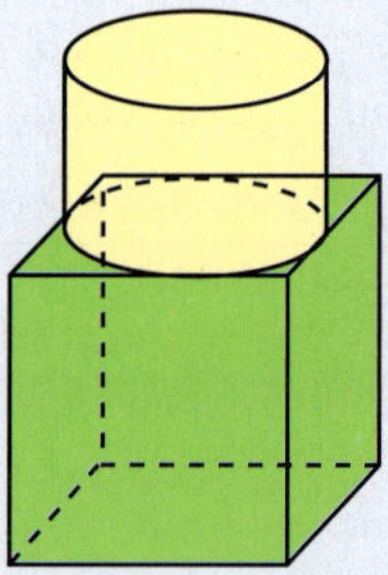

Punkte: max.4

Gesamtpunkte: max.17

Aufgaben Nummer	erreichte Punktzahl von (...)	Lernerfolg	Lernein-heit abha-ken ✓
1	_____ (4)	Wenn du die volle Punktzahl hast, dann kannst du sicher Oberflächen von Zylindern berechnen. Du darfst den Lernabschnitt abhaken.	7.1
2 3	_____ (3) _____ (2)	Wenn du in den Aufgaben 2 und 3 alle fünf Punkte erreicht hast, dann kannst du die Formel für das Berechnen von Volumen bei Zylindern sicher anwenden. Hake den Lernabschnitt ab.	7.2
4 5	_____ (4) _____ (4)	Wenn du für Aufgabe 4 und 5 alle Punkte erhalten hast, dann lässt du dich auch von zwei verschiedenen Körpern nicht verunsichern. Besonders bei Aufgabe 5 musstest du einige Vorüberlegungen anstellen. Gut gemacht. Hake ab.	7.3

14 – 17 Punkte	8 – 13 Punkte	0 – 7 Punkte
Prima, du hast diesen Lernabschnitt gut verstanden! Nun kannst du beim nächsten Lernabschnitt weiter machen.	Du hast viel gelernt, aber es könnte auch besser sein. Wiederhole die Lernabschnitte noch einmal, die in deiner Checkliste nicht abgehakt sind.	Es gibt bei dir noch viele Unsicherheiten. Du musst noch mehr üben! Wiederhole die Lernabschnitte noch einmal, die in deiner Checkliste nicht abgehakt sind.

8 Sachrechnen

8.1. Prozentrechnen

Bei vielen Anwendungen in der Mathematik aber auch im täglichen Leben spielt die Prozentrechnung eine wichtige Rolle.

So berechnest du Prozentwert (P), Prozentsatz (p) und Grundwert (G)

Du verwendest die so genannte **Prozentformel**
$\mathbf{P} = \frac{G \cdot p}{100}$ und ihre Umstellungen: $\mathbf{p} = \frac{P \cdot 100}{G}$ und $\mathbf{G} = \frac{P \cdot 100}{p}$.

Beispiel:
Von insgesamt 32 Schülern der Klasse 9b haben 17 Schüler ihre Hausaufgaben nicht gemacht. Wie viel Prozent sind dies?
Lösung:
Grundwert: 32 Schüler
Prozentwert: 17 Schüler
Prozentsatz:

$p = \frac{P \cdot 100}{G} = \frac{17 \cdot 100}{32} = \mathbf{53{,}125}$

Der Prozentsatz beträgt rund 53,1%.

So berechnest du prozentuale Veränderungen

Wenn sich ein Grundwert um p% erhöht, berechnest du den erhöhten Grundwert so: $\mathbf{G^+ = G \cdot q^+}$, mit dem Wachstumsfaktor $\mathbf{q^+ = 1 + \frac{p}{100}}$.
Wenn sich ein Grundwert um p% vermindert, berechnest du den verminderten Grundwert so: $\mathbf{G^- = G \cdot q^-}$, mit dem Abnahmefaktor $\mathbf{q^- = 1 - \frac{p}{100}}$.

Beispiel:
Der Preis für Band 1 von Harry Potter wurde um 25% gesenkt. Als er neu herauskam, kostete er 39,90 €. Wie teuer ist er nun?
Lösung:
Grundwert: 39,90 €
Prozentsatz: 100% – 25% = 75%
Abnahmefaktor: $q^- = 1 - \frac{25}{100} = 0{,}75$
Der ermäßigte Preis ist gesucht.

$G^- = G \cdot q^-$
$G^- = 39{,}90 \cdot 0{,}75 = \mathbf{29{,}93\ €}$

Der erste Band von Harry Potter kostet nun 29,93 €.

Meistens wird der Preis dann gerundet auf 29,90 €.

1
In Deutschland stieg die Zahl der Eheschließungen um 4 %. Im Vorjahr heirateten 374 000 Paare. Wie viele Eheschließungen sind es dieses Jahr mehr?

2
Die Bevölkerung Deutschlands ist auf 82,3 Millionen geschrumpft. Ende 2006 wurden 123 000 Menschen weniger gezählt als noch im Jahr zuvor. Um wie viel Prozent hat die Bevölkerung abgenommen?

3
Rund 673 000 Babys kamen letztes Jahr zur Welt. Das sind 1,9 % weniger als im Vorjahr. Wie viele Babys kamen im Vorjahr zur Welt?

4
Die Zahl der Todesfälle sank in diesem Jahr um 1,2 % auf 822 000. Wie viele Menschen starben im Vorjahr?

5
Ein Mountain-Bike kostet 1041,74 €. Hinzu kommen 19 % Mehrwertsteuer. Berechne den Endpreis.
Wie viel Euro Mehrwertsteuer sind im Endpreis enthalten?

6
Auf den Endpreis (einschließlich 19 % Mehrwertsteuer) eines Laserdruckers werden 5 % Rabatt gewährt. Der Drucker kostet dann noch 568,10 €. Wie viel Euro Mehrwertsteuer sind im Preis enthalten?

7
Der Preis eines Perserteppichs wurde nacheinander um 15 %; 20 % und nochmals um 10 % heruntergesetzt. „Da hätten Sie mir doch gleich 45 % Nachlass geben können", beschwerte sich ein Kunde.
Was meinst du dazu?

8.2 Zinsrechnen

Zins- und Prozentrechnung hängen sehr eng miteinander zusammen.

So berechnest du Zinsen

Dem Grundwert entspricht das **Kapital (K)**, dem Prozentwert die **Zinsen (Z)** und dem Prozentsatz der **Zinssatz (p)**.
Beim Berechnen von Zinsen unterscheidest du zwischen

Jahreszinsen: $Z = K \cdot \frac{p}{100}$,

Monatszinsen: $Z = K \cdot \frac{p}{100} \cdot \frac{Mon}{12}$ und

Tageszinsen $Z = K \cdot \frac{p}{100} \cdot \frac{t}{360}$.

Das Kapital und den Zinssatz berechnest du, indem du die **Zinsformel** nach K bzw. p wie bei der Prozentrechnung umformst.

Beispiele:

1. Kerstin legt 750 € zu 3,75 % für ein Jahr auf einem Geldmarktkonto an. Wie viel Euro Zinsen erhält sie?

   $Z = K \cdot \frac{p}{100} = 750 \cdot \frac{3{,}75}{100}$

   $Z = 28{,}13$ €

2. Florian legt 2500 € für 7 Monate mit 3,2 % an. Wie viel Euro Zinsen erhält er?

   $Z = K \cdot \frac{p}{100} \cdot \frac{Mon}{12} = 2500 \cdot \frac{3{,}2}{100} \cdot \frac{7}{12}$

   $Z = 46{,}67$ €

3. Michael erhält am 21. August das Gehalt für seinen Ferienjob in Höhe von 1370 €. Am 15. Dezember hebt er es wieder ab. Wie viel Euro Zinsen hat er dafür bekommen, wenn ihm die Bank 3,25 % Zinsen gibt?

   Berechnung der Tage:
   15. 12.
   − 21. 08.
   6 Tage weniger als 4 Monate, also
   3 Monate und (30 − 6) Tage
   = 114 Tage

   $Z = K \cdot \frac{p}{100} \cdot \frac{t}{360}$

   $Z = 1370 \cdot \frac{3{,}25}{100} \cdot \frac{114}{360}$

   $Z = 14{,}10$ €

1

Berechne den Zins.

a) Kapital: 3600 € ;Zinssatz: 4,25 %; für ein halbes Jahr
b) Kapital: 4500 €; Zinssatz: 3,75 %; in 9 Monaten.
c) Kapital: 12 000 €; Zinssatz: 4,5 %; in 275 Tagen

2

Wie viel Euro Zinsen musst du bezahlen, wenn du dein Konto 170 Tage um 2050 € überzogen hast und die Bank dafür 11,5 % Zinsen verlangt?

3

Welches Kapital erbringt in 7 Monaten bei einem Zinssatz von 6 % einen Zinsertrag von 105 €?

4

Frau Metzger legt eine Erbschaft bei ihrer Bank zu einem Zinssatz von 3,5 % für 270 Tage an, bis sie sich entschieden hat, welches Auto sie sich dafür kaufen will. Zu den Zinsen erhält Frau Metzger noch eine Prämie in Höhe von 1 % des Anfangsguthabens. Ihr Guthaben beträgt dann 20 725 €.

a) Berechne das Anfangsguthaben.
b) Um wie viel % ist ihr Guthaben insgesamt angestiegen?

5

a) Für welches Kapital bekommst du 345 € Zinsen, wenn das Kapital 1 Jahr zu 3,5 % angelegt wurde. (Runde auf Hunderter.)
b) Wie viel Euro hast du bei einer Bank angelegt, wenn du nach 7 Monaten 81,50 € Zinsen bei 4,25 % bekommst? (Runde auf Hunderter.)
c) Um wie viel Euro hast du dein Konto 25 Tage lang überzogen, wenn du 70,32 € Zinsen zu 12 % zahlen musst?
d) Wäre es im Falle c) günstiger gewesen, einen Kredit zu 10,75 % für einen Monat zu nehmen?

6

In welchem Zeitraum erhältst du 751 € Zinsen, wenn du 19 000 € zu 4,5 % angelegt hast? (Runde auf Tage.)

8.3 Zinseszins

Wenn Zinsen, die man jedes Jahr bekommt, zum Kapital addiert und mitverzinst werden, spricht man von Zinseszinsen.

So berechnest du Zinseszinsen

Du benutzt die **Zinseszinsformel:** $K_n = K_0 \cdot q^n$
Dabei ist K_0 das Anfangskapital, K_n das Endkapital und n die Laufzeit in Jahren.

Beispiel:
Markus legt sein Erbe in Höhe von 30 000 € auf einem Konto zu einem Zinssatz von 4,8 % für 5 Jahre lang an.
Auf wie viel Euro ist sein Konto angewachsen?
$K_0 = 30\,000$ € $\qquad$ $p = 4{,}8\,\% \Rightarrow q = 1{,}048$
$K_5 = 30\,000 \cdot (1{,}048)^5 =$ **37 925,18 €**
Sein Guthaben ist auf 37925,18 € angewachsen.

1

Frau Weber legt einen Betrag von 2500 € bei ihrer Bank fest an zu einem Zinssatz von 5,5 %.

a) Wie hoch ist ihr Guthaben in 3 Jahren?
b) Wie viel € Zinsen erhält Frau Weber nach Ablauf von 3 Jahren?

2

Herr Braun hat vor 4 Jahren 10 000 € bei seiner Bank fest angelegt. Nun ist es auf 12 000 € angewachsen.

a) Welchen gleich bleibenden Zinssatz hat ihm die Bank gewährt?
b) Welchen Zinssatz hätte sie ihm gewähren müssen, damit er jetzt über 14 000 € verfügen könnte?

3

Annette legt 2000 € zu einem Zinssatz von 3,5 % an. Nach 2 Jahren und 5 Monaten hebt sie ihr gesamtes Geld ab.

a) Wie viel ist das?
b) Wie viele Zinsen hat sie insgesamt bekommen?
c) Um wie viel % ist ihr Guthaben insgesamt gewachsen?

8.4 Sparformen

Das ist „Zuwachssparen"

Banken bieten ihren Kunden Sparverträge an, in denen jedes Jahr die Zinssätze zunehmen, das **„Zuwachssparen"**. Zur Berechnung der Zinsentwicklung kannst du eine Tabelle verwenden oder die Formel

$K_n = K_0 \cdot q_1 \cdot q_2 \cdot q_3 \ldots$

Beispiel:
Amelie erhält für ihr Guthaben von 5000 € folgende Zinssätze:

1. Jahr: 3,25 %; 2. Jahr: 3,75 %; 3. Jahr: 4,5 %

Wie ist ihr Kontostand nach drei Jahren?

$K_3 = 5000 \cdot 1{,}0325 \cdot 1{,}0375 \cdot 1{,}045 =$ **5597,12 €**

Ihr Kontostand beträgt 5597,12 €.

Die zweite Sparform nennt man „Ratensparen"

Man zahlt monatlich oder jährlich einen gleich bleibenden Betrag auf ein Sparkonto ein. Die jährliche Sparrate wird mit R bezeichnet:

$K_n = R \cdot (q^n + q^{n-1} + q^{n-2} + q^{n--3} + \ldots)$

Beispiel:
Hatice spart jeden Monat 100 Euro. Die jährliche Sparrate ist also 1200 €.
Der Zinssatz beträgt 4,2 %.
Wie ist ihr Kontostand nach 5 Jahren?

$K_5 = 1200 \cdot (1{,}042^5 + 1{,}042^4 + 1{,}042^3 + 1{,}042^2 + 1{,}042)$

$K_5 = 1200 \cdot 5{,}6664101$

$\mathbf{K_5 = 6799{,}69}$

Hatices Kontostand ist bei 6799,69 €.

1

Frau Jäger legt ein Kapital von 17 500 € für 4 Jahre zu folgenden Bedingungen an:

Zinssatz im 1. Jahr: 5,75 % Zinssatz im 2. Jahr: 6,5 %
Zinssatz im 3. Jahr: 7,25 % Zinssatz im 4. Jahr: 8,75 %

a) Wie hoch ist das angesparte Kapital nach Ablauf der 4 Jahren?
b) Wie viel € Zins werden am Ende des 2. Jahres gutgeschrieben?
c) Welchen jährlich gleich bleibenden Zinssatz hätte Frau Jäger mit ihrer Bank vereinbaren müssen, wenn sie nach 4 Jahren über dasselbe Kapital hätte verfügen wollen?

2

Ein Kapital von 8000 € wird im 1. Jahr mit 5,25 % verzinst.
Am Ende des 2. Jahres werden 547,30 € Zinsen gutgeschrieben.
Nach Ablauf von 3 Jahren ist das anfängliche Kapital auf 9617,43 € angewachsen.
Berechne die Zinssätze für das 2. und 3. Jahr.

3

Paul legt 4500 € zu folgenden Zinssätzen an:

1. Jahr	1,50 %
2. Jahr	2,25 %
3. Jahr	2,75 %

Hans legt ebenfalls 4500 € an. Nach Ablauf des ersten Jahres erhält er 45 € Zinsen, nach Ablauf des zweiten Jahres 91,43 €.
Welchen Zinssatz müsste die Bank im dritten Jahr gewähren, damit er nach drei Jahren das gleiche Guthaben wie Paul hat?

4

a) Bei einem Ratensparvertrag werden zu Beginn eines jeden Jahres 4500 € eingezahlt. Der Zinssatz beträgt 7 %.
Wie viel € sind nach 4 Jahren angespart?

b) Welchen jährlich gleich bleibenden Betrag müsste man zu Beginn eines jeden Jahres einzahlen, um mit den gleichen Zinsbedingungen nach 3 Jahren 20 000 € zu erhalten?

5

Johannes zahlt jeden Monat einen gewissen Betrag auf sein Konto ein.
Er hat sich ausgerechnet, dass er in 4 Jahren, wenn er den Führerschein macht, 12 000 € zur Verfügung hat, weil ihm die Bank günstige 7,5% Zinsen gewährt.
Wie hoch muss der monatliche Betrag sein?

8.5 Kreditformen

Darlehen und Kleinkredite sind verschiedene Möglichkeiten, um sich Geld zu leihen.

Das sind Darlehen

Darlehen zahlt man in der Regel mit gleich bleibenden Raten zurück. Die Rate setzt sich aus **Zinsen** und **Tilgung** zusammen. Die Zinsen berechnest du immer von der Restschuld zu Beginn jedes Rechnungsjahres. Es ist immer sinnvoll einen Tilgungsplan zu erstellen.

Beispiel:

Familie A baut ein Haus und schließt mit der H&G-Bank einen Darlehensvertrag über 100 000 € ab.

Die Vertragsbedingungen sind: **Auszahlung** zu 100 %

Bearbeitungsgebühr: 2 % des ausgezahlten Betrags; **Zinssatz** 4 %

Rückzahlung in **jährlichen Raten** zu 6000 €

Tilgungsplan

Jahr	Restschuld zu Beginn des Jahres	Zinsen 4%	Rate 6000	Tilgung (Rate – Zins)	Restschuld zu Ende des Jahres
1	100 000	4000	6000	2000	98 000
2	98 000	3920	6000	2080	95 920
3	95 920	3836,80	6000	2163,20	93 756,80
4	93 756,80	3750,27	6000	2339,72	91 507,07
…	…	…	…	…	…

Die Bearbeitungsgebühr wird im Tilgungsplan nicht berücksichtigt.

Das sind Kleinkredite

Bei **Kleinkrediten** errechnet sich die monatliche Rückzahlungsrate aus dem **Kreditbetrag**, dem **Zinssatz** und den **Bearbeitungsgebühren**.

Die **Rückzahlung** erfolgt in gleich bleibenden **monatlichen Raten.**

Beispiel:

Pierre nimmt einen Kredit über 8000 € auf. Der Zinssatz beträgt 0,57 % pro Monat. Die Bearbeitungsgebühren sind 2 % des Kreditbetrags. Wie hoch sind die Raten bei Rückzahlung in 36 Monaten?

Kreditbetrag: 8000,00 €

Zinsen: $Z = 8000 \cdot \frac{0{,}57}{100} \cdot 12 \cdot 3 = 1641{,}60$ €

Bearbeitungsgebühr: $8000 \cdot 2\,\% = 160{,}00$ €

Rückzahlungsbetrag: 9801,60 €

Monatliche Rate: 9801,60 : 36 = **272,27 €** ⇒ rund **272,00 €**

Die letzte Rate beträgt: 9801,60 − (272 · 35) = **281,60 €**

Pierre zahlt 35 Raten zu 272 und eine Rate zu 281,60 €.

1

Erstelle einen Tilgungsplan für folgendes Darlehen:
Darlehenssumme: 50 000 €
Zinssatz: 4 %
Rückzahlung in jährlichen Raten zu 6000 €

a) Wie hoch ist die Restschuld nach 4 Jahren?
b) Wann betragen die Zinsen erstmals weniger als 1000 €?
c) Wann wurde die Hälfte des Darlehens getilgt?
d) Wie viel Euro Zinsen wurden insgesamt bezahlt?

2

Ingo zahlt in 18 Monatsraten zu je 120 € einen Kredit ab. Er muss 130 € Zinsen und 30 € Bearbeitungsgebühren bezahlen.
Wie hoch war der Kredit?

3

Sabrina kauft sich eine neue Küche für 5800 € und nimmt dazu ein Kreditangebot der Möbelfirma in Anspruch, die einen Zinssatz von 5 % und nur 1 % Bearbeitungsgebühren verlangt. Wie hoch sind ihre Raten, wenn sie den Kredit in 2 Jahren abbezahlen will?

4

a) Dies ist ein Tilgungsplan. Ergänze ihn für die nächsten fünf Jahre.

	Darlehensbetrag		80000,00 €
	Jährliche Rückzahlungsrate		6000,00 €
	Zinssatz		4,3 %
Restschuld zu Jahresanfang	Zinsen	Tilgung	Restschuld zu Jahresende
80 000,00 €	3440,00 €	2560,00, €	77 440.00 €
77 440.00 €	3329,92 €	2670,08 €	74 769,92 €
74 769,92 €	3215,11 €	2784,89 €	71 985,03 €
…	…	…	…

b) Vervollständige den Tilgungsplan mithilfe einer Excel-Tabelle.
Verfahre wie in den Punkten 1. bis 9. beschrieben.
Dein Ergebnis kannst du mit der Excel-Tabelle im Lösungsteil vergleichen.
1. Markiere die Spalten A – E und schreibe die Überschrift (Zeile1)

2. Bevor du die Tabelle anlegst, müssen die gegebenen Größen aufgelistet werden. (Zeile 3 – 5)

	A	B	C	D	E
1	**Tilgungsplan eines Darlehens**				
2					
3	Darlehensbetrag			80000,00 €	
4	Jährliche Rückzahlungsrate			6000,00 €	
5	Zinssatz			4,3%	

3. Dann schreibst du die Kopfzeile der Tabelle.

	A	B	C	D	E
6 7 8	Jahr	Restschuld zu Jahres-anfang	Zinsen	Tilgung	Restschuld zu Jahres-ende

4. Nun gibst du in die 9. Zeile die folgenden Formeln ein:

	A	B	C	D	E
9	1	=D3	=B9*D5	=D4 – C9	=B9+C9-D4
10	2	=E9			

5. Damit sich die weiteren Zeilen automatisch errechnen, musst du in der 10. Zeile noch die Restschuld vom Vorjahr eintragen. **=E9**

6. Wenn du Feld C9 anklickst und es an der rechten unteren Ecke auf Feld C10 nach unten ziehst, dann rechnet das Programm automatisch die Zinsen aus. Verfahre ebenso mit den Feldern D10 und E10.

7. Wenn du eine ganze Reihe komplett hast, dann markiere die ganze Reihe und ziehe diese so weit nach unten, bis das Darlehen getilgt ist. Das erkennst du daran, dass rote Zahlen mit einem Minuszeichen auftauchen.

8. Berechnung der letzten Rate:
   In der Zeile, in welcher die Restschuld zu Jahresende rot geschrieben wird, kannst du die letzte Rate aus Restschuld zu Jahresanfang + Zinsen errechnen.

9. Zum Schluss werden die Tabellenlinien gezogen und die Seite so eingerichtet, dass links ein größerer Rand steht. (Denke ans Lochen!)

1

Die Zahl der Schüler stieg im Vergleich zum letzten Jahr um 4 %. Damals waren es 760 Schüler. Wie viele sind es heute?

Punkte: max. 1

2

Der Preis für ein Paar Skistiefel wurde im Januar um 20 % und im Februar noch einmal um 25 % herunter gesetzt. Nun kosten sie 80,40 €. Wie viel kosteten sie im Dezember?

Punkte: max. 2

3

a) Wie viel Zinsen bekommt Sandra, wenn sich ihr Kontostand in einem Jahr von 5760 € auf 5990 € erhöht hat?
b) Welchen Zinssatz gewährte ihr die Bank?
c) Wie viel Zinsen hätte sie bekommen, wenn sie ihr Geld nach 240 Tagen abgehoben hätte?

Punkte: max. 5

4

Ein Guthaben ist bei einem Zinssatz von 6,75 % in 2 Jahren und 5 Monaten auf 5623,71 € angewachsen. Zinsen wurden mitverzinst.
Berechne das Anfangsguthaben.

Punkte: max. 3

5

Luise spart jedes Jahr von ihrem Taschengeld 250 € und legt es auf einem Sparbuch zu 5,2 % fest an. Auf welchen Betrag ist ihr Konto in 5 Jahren angewachsen?

Punkte: max. 4

6

Familie Schwarz nimmt für die Renovierung ihres Hauses ein Darlehen von 150 000 € auf. Sie zahlen 8,2 % Zinsen. Die jährliche Rückzahlungsrate beträgt 15 000 €.

a) Erstelle einen Tilgungsplan für die ersten drei Jahre.
b) Wie viel wurde von dem Darlehen bereits getilgt?
c) Wie viel Zinsen wurden in den ersten drei Jahren bezahlt?

Punkte: max. 3

Gesamtpunkte: max. 170

Aufgaben Nummer	erreichte Punktzahl von (...)	Lernerfolg	Lernein-heit abha-ken ✓
1 2	_____ (1) _____ (2)	Wenn du die volle Punktzahl hast, dann kannst du sicher mit den Prozentaufgaben umgehen. Du darfst den Lernabschnitt abhaken.	8.1
3	_____ (5)	Wenn du in Aufgabe 3 alle fünf Punkte erreicht hast, dann kannst du mit Zinsen rechnen und darfst den Lernabschnitt abhaken.	8.2
4	_____ (4)	Bei dieser Aufgabe warst du mit Zinseszinsen erfolgreich, wenn du alle Punkte erreicht hast. Hake ab.	8.3
5	_____ (2)	Wenn du hier alle Punkte erhalten hast, kannst du Ratensparen abhaken.	8.4
6	_____ (3)	Mit 3 erzielten Punkten kannst du einen Tilgungsplan aufstellen und das Kapitel Darlehen abhaken.	8.5

14 – 17 Punkte	8 – 13 Punkte	0 – 7 Punkte
Prima, du hast diesen Lernabschnitt gut verstanden! Nun kannst du beim nächsten Lernabschnitt weiter machen.	Du hast viel gelernt, aber es könnte auch besser sein. Wiederhole die Lernabschnitte noch einmal, die in deiner Checkliste nicht abgehakt sind.	Es gibt bei dir noch viele Unsicherheiten. Du musst noch mehr üben! Wiederhole die Lernabschnitte noch einmal, die in deiner Checkliste nicht abgehakt sind.

9 Zufall und Wahrscheinlichkeit

9.1 Zufallsversuche

Das sind Zufallsversuche

Bei Zufallsversuchen sind mehrere **Ergebnisse** möglich. Welches Ergebnis eintritt ist vom **Zufall** abhängig und kann nicht vorhergesagt werden.

Beispiel:

Ingo behauptet, dass er leichter Zahl als Wappen werfen könne. Carla widerspricht: Du kannst nicht wissen, welche Seite oben liegen wird, wenn du wirfst. Das **Ergebnis** eines Münzwurfs ist **zufällig.**

Wappen und Zahl sind die **möglichen Ergebnisse**.

Das von Ingo **gewünschte Ergebnis** ist Zahl.

Er macht 12 **Zufallsversuche** mit einer 5 Cent Münze als Zufallsgerät.

1. Wurf: Zahl	5. Wurf: Zahl	9. Wurf: Zahl
2. Wurf: Wappen	6. Wurf: Zahl	10. Wurf: Zahl
3. Wurf: Wappen	7. Wurf: Wappen	11. Wurf: Zahl
4. Wurf: Wappen	8. Wurf: Wappen	12. Wurf: Wappen

Von 12 Würfen hat Ingo 6-mal Zahl geworfen.

Seine Chancen waren 6 : 12 oder 1 : 2 oder 50 %.

1

Wähle geeignete Zufallsgeräte aus.

a) Ziehung der Lottozahlen.

b) Wahl der Spielrichtung beim Fußball.

2

Ist es Zufall, bei den folgenden Spielen zu gewinnen?

a) Mikado b) Poker c) Schwarzer Peter

d) Schach e) Kniffel f) Mensch ärgere dich nicht

3

Mutter hält fünf Streichhölzchen bereit. Eines ist kürzer. Wer muss heute abtrocknen? Amelie schätzt ihre Chance gut ein. Sie war bereits gestern dran. Was meinst du?

9.2 Wahrscheinlichkeit

So bestimmst du Wahrscheinlichkeiten

Wenn du einen Zufallsversuch machst, bei dem alle Ergebnisse **gleich wahrscheinlich** sind, so hängt die Wahrscheinlichkeit, ein bestimmtes Ergebnis zu erzielen, von der Anzahl aller möglichen Ergebnisse ab.

Wahrscheinlichkeit eines Ergebnisses $= \frac{1}{\text{Anzahl aller möglichen Ergebnisse}}$

1. Beispiel:
Bei einer Münze gibt es zwei mögliche Ergebnisse: Kopf oder Zahl. Die Wahrscheinlichkeit, Zahl zu werfen ist $\frac{1}{2} = 0{,}5 = 50\,\%$.

2. Beispiel:
Beim Würfeln eine 3 zu würfeln, hat eine Wahrscheinlichkeit von $\frac{1}{6}$, weil der Wurf einer 3 eine von 6 Möglichkeiten ist.

3. Beispiel:
Beim Ziehen eines Loses hängt die Wahrscheinlichkeit eines Gewinns von der Anzahl aller Lose und der Gewinnlose ab, die in der Lostrommel gemischt sind.

4. Beispiel:
Bei der Seriennummeraktion eines Radiosenders mit dem richtigen 10-Euro-Schein zu gewinnen, liegt die Wahrscheinlichkeit bei etwa 1:13 Millionen.

1

a) Wie groß ist die Wahrscheinlichkeit, bei dem abgebildeten Glücksrad das Feld mit der 1 zu treffen?

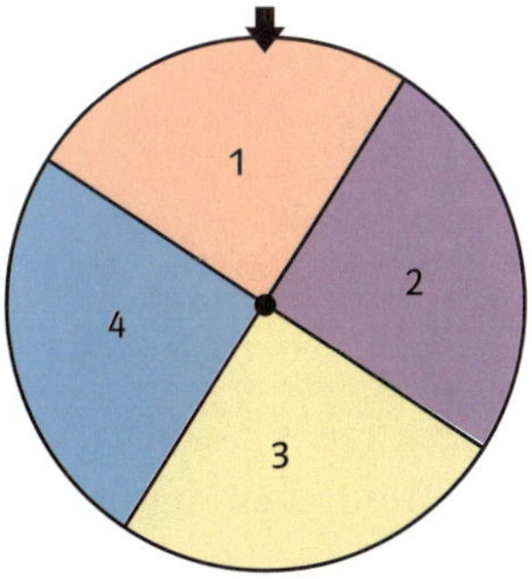

b) Wie groß ist die Wahrscheinlichkeit das rote (das blaue) Feld zu treffen?

2

Ist die Wahrscheinlichkeit größer, eines der vier Bücher auf dem Regal zu ziehen und die Seite 111 oder die Seite 11 aufzuschlagen? Alle Bücher haben jeweils 600 Seiten.

3

Wie groß ist die Wahrscheinlichkeit, dass die letzte Ziffer eines Loses richtig ist? Wie ist die Wahrscheinlichkeit für die beiden letzten Ziffern?

4

In einem Loseimer befinden sich 400 Nieten und 150 Gewinne.
Wie hoch ist die Chance, einen Gewinn zu ziehen?

5

In einem Behälter befinden sich 10 Kugeln. Nur eine Kugel ist weiß. Ingo zieht drei Kugeln und legt sie beiseite. Es war keine weiße dabei. Wie groß ist Peters Chance nun die weiße Kugel zu ziehen?

6

Aus einem Strumpf wird 25-mal eine der 30 Kugeln gezogen und wieder zurückgelegt. 12-mal wird eine blaue Kugel, 5-mal eine rote, 7-mal eine grüne und 1 gelbe Kugel gezogen.

a) Welche Farbe vermutest du am häufigsten in dem Strumpf?
b) Welche farbigen Kugeln sind vermutlich gleich oft im Strumpf?
c) Sind möglicherweise noch andersfarbige Kugeln im Strumpf?

7

Wahrscheinlichkeiten kann man auch in Prozentanteilen angeben.

Beispiel: $\frac{12}{25} = 48\,\%$ (Du rechnest: $p = \frac{P \cdot 100}{G} = \frac{12 \cdot 100}{25} = 48$)

a) $\frac{1}{8}$ b) $\frac{3}{4}$ c) $\frac{75}{250}$ d) $\frac{1}{32}$

8

Beim Lotto (6 aus 49 mit Zusatzzahl) sind bereits 5 Kugeln gezogen worden. Annika drückt die Daumen dass nun eine 7 kommt, dann hätte sie nämlich vier Richtige. Wie groß ist die Wahrscheinlichkeit, dass als sechste Zahl 7 gezogen wird?

9.3 Ereignisse

Bei vielen Zufallsexperimenten sind nicht nur die einzelnen Ergebnisse von Interesse.

Das sind Ereignisse bei Zufallsexperimenten

Verschiedene Ergebnisse eines Zufallsexperiments können zu **Ereignissen** zusammengefasst werden. Sind alle Ergebnisse **gleich wahrscheinlich**, dann wird die Wahrscheinlichkeit eines Ereignisses mit der Formel $P(E) = \frac{m}{n}$ berechnet, dabei ist m die Anzahl der **günstigen Ergebnisse** (die zum Ereignis gehören) und n die Anzahl aller möglichen Ergebnisse.

Beispiel:
Die Ergebnisse 1, 3, 5 werden zu dem Ereignis E: "Würfle eine ungerade Zahl" zusammengefasst.
m = Anzahl der günstigen Ergebnisse: $\{1, 3, 5\} = 3$
n = Anzahl der möglichen Ergebnisse: $\{1, 2, 3, 4, 5, 6\} = 6$
Also ist $P(E) = \frac{3}{6} = \frac{1}{2}$.

P wie Probability = engl. für Wahrscheinlichkeit

1
Wie groß ist die Wahrscheinlichkeit, in einem „Elfer raus"-Spiel eine Elf zu ziehen, wenn 5 Mitspieler je 12 Karten auf der Hand haben und keine Elf dabei ist (Insgesamt gibt es 4 Farben mit je 20 Karten von 1–20)?

2
Wie hoch ist die Chance, mit zwei Würfeln einen Pasch zu werfen?

3
a) Wie groß ist die Wahrscheinlichkeit eine gerade Zahl zu würfeln?
b) Wie groß ist die Wahrscheinlichkeit mit zwei Würfeln als Summe der beiden Augenzahlen eine Zahl größer als 10 zu würfeln?

4
Wie groß ist die Wahrscheinlichkeit, drei Münzen so zu werfen, dass
a) bei allen drei Münzen die Zahl nach oben zeigt,
b) dass mindestens einmal das Wappen nach oben zeigt,
c) dass höchstens zwei gleiche Seiten nach oben zeigen.

9.4 Schätzen von Wahrscheinlichkeiten

Bei vielen Zufallsversuchen ist die Wahrscheinlichkeit der Ergebnisse nicht bekannt. Diese lässt sich mithilfe von Versuchsreihen schätzen.

So kannst du Wahrscheinlichkeiten schätzen

Wenn du ein Zufallsexperiment oft durchführst, treten die einzelnen Ergebnisse mit unterschiedlichen **absoluten Häufigkeiten** auf. Teilst du die absoluten Häufigkeiten durch die Anzahl aller Versuche, erhältst du

die **relative Häufigkeit** $= \frac{\text{absolute Häufigkeit}}{\text{Anzahl aller Versuche}}$.

Die relativen Häufigkeiten liefern Schätzwerte für die einzelnen Ergebnisse. Je mehr Versuche du durchführst, desto genauer werden die Schätzwerte. Die Summe aller relativen Häufigkeiten und damit der geschätzten Wahrscheinlichkeiten ist 1.

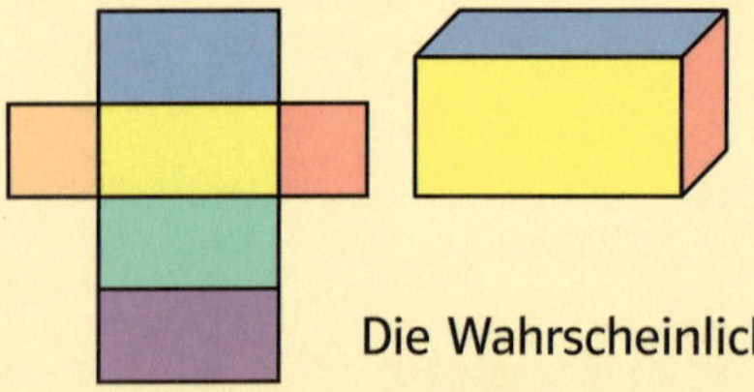

Beispiel:
Ein Quader ist in den Farben rot, orange, blau, gelb, grün und violett angemalt. Die gelbe, blaue, grüne und violette Fläche sind doppelt so lang wie die rote und orange Fläche.
Die Wahrscheinlichkeit, dass der Quader auf die gelbe Seite fällt, wird auf 20 % = 0,2 geschätzt, weil die gelbe Seite $\frac{1}{5}$ der gesamten Oberfläche einnimmt.

Nun überprüfen wir die Schätzung durch eine möglichst große Anzahl von Versuchen und listen die Werte in einer Tabelle auf.

Anzahl der Versuche	Absolute Häufigkeit	Relative Häufigkeit
100	25	25 : 100 = 0,25
500	115	115:500 = 0,23
1000	210	210 : 1000 = 0,21

Der Schätzwert scheint also realistisch zu sein.

1

Max ist empört. Er hat bei einem Spiel nicht ein einziges Mal eine 6 gewürfelt. „Die Würfel sind manipuliert“, schimpft er.
Er macht Versuche. Hier seine Ergebnisse:

	Würfelaugen					
	1	2	3	4	5	6
60 Versuche	17	11	5	12	12	3
120 Versuche	23	24	18	13	17	25
360 Versuche	57	62	60	61	63	57

Berechne die relative Häufigkeit der jeweiligen Würfelzahlen.

2

Der Handballtrainer muss vor dem wichtigen Spiel um den Klassenerhalt entscheiden, wen von den fünf Spielern er einsetzen soll.

Name	Erzielte Tore	Versuche
Jan	25	40
Sinan	13	26
Torsten	17	25
Mani	21	35
Giovan	18	27

3

Handelt es sich bei den folgenden Aussagen um Wahrscheinlichkeit, absolute oder relative Häufigkeit?

a) In der RSiA kommen 358 Schüler mit dem Fahrrad zur Schule.
b) 15 % der Fahrräder sind nicht verkehrstauglich.
c) Vermutlich werden 95 % die Abschlussprüfung bestehen.
d) Frau Stanzi stellt fest, dass jeder fünfte Fehler ein Leichtsinnsfehler ist.

4

a) Wie groß ist die Wahrscheinlichkeit in deinem Mathematikbuch blind auf ein Wort zu tippen, das mit e endet? Sven macht 50 Versuche und zählt 12 „Treffer“. Gib die relative Häufigkeit an.
b) Solveigh zählt auf Seite 69 ihres Mathebuches 64 Wörter mit einem e am Ende. Schätze die Anzahl aller Wörter auf dieser Seite, wenn du dieselbe relative Häufigkeit wie bei Sven annimmst.

9.5 Ungünstige Ergebnisse – Gegenereignis

In vielen Situationen interessiert hauptsächlich, ob du das für dich günstige Ergebnis oder das für dich ungünstige erzielst, z. B. ob du beim „Mensch-ärgere-dich-nicht" eine 6 würfelst oder nicht.

So kannst du mit dem Gegenereignis rechnen

Bei Zufallsexperimenten tritt entweder das **günstige Ergebnis (Ereignis)** oder das **ungünstige Ergebnis (Ereignis)** ein. Deshalb bezeichnet man das ungünstige Ergebnis (Ereignis) auch als **Gegenereignis**.
Es gilt $\mathbf{P(E) + P(E) = 1}$ oder $\mathbf{P(E) = 1 - P(E)}$.
Manchmal bietet es sich an, für eine Wahrscheinlichkeit zunächst das Gegenereignis zu berechnen und dann von 1 zu subtrahieren.
Beispiel:
Wie groß ist die Wahrscheinlichkeit, mit zwei Würfeln zwei Zahlen zu würfeln, deren Produkt kleiner als 32 ist?
Es gibt 36 mögliche Produkte, die du in einer Tabelle auflisten könntest.

Du kannst auch ohne Tabelle ausrechnen, dass das Produkt aus $6 \cdot 6 = 36$ das einzige ist, das größer als 32 ist.
Das Ereignis „Würfle zwei Zahlen, deren Produkt größer als 32 ist" ist das Gegenereignis zu dem gesuchten Ereignis.

·	1	2	3	4	5	6
1	1	2	3	4	5	6
2	2	4	6	8	10	12
3	3	6	9	12	15	18
4	4	8	12	16	20	24
5	5	10	15	20	25	30
6	6	12	18	24	30	36

Seine Wahrscheinlichkeit ist $\frac{1}{36}$. Also gilt für die gesuchte Wahrscheinlichkeit: $1 - \frac{1}{36} = \frac{36}{36} - \frac{1}{36} = \frac{35}{36} = 97{,}2\,\%$.

1

Wie groß ist die Wahrscheinlichkeit, mit 2 Würfeln keine 1 zu würfeln?

2

Ist die Wahrscheinlichkeit keinen Pasch zu würfeln $\frac{6}{36}$; $\frac{6}{21}$; $\frac{15}{21}$; $\frac{1}{12}$; $\frac{1}{6}$; $\frac{5}{7}$?
Wähle aus und begründe.

1

Nenne zu jedem Zufallsereignis das passende Zufallsgerät.

a) Ein Los ziehen

b) „Mensch ärgere dich nicht" spielen

c) „Schwarzer Peter" spielen

d) Billard spielen

Punkte: max. 2

2

Mit welcher Wahrscheinlichkeit ziehst du aus einem Strumpf, in dem sich 3 rote, 2 gelbe, 2 blaue Kugeln befinden eine rote Kugel?

Punkte: max. 2

3

Wie hoch ist die Wahrscheinlichkeit, mit 3 Münzen dreimal hintereinander Wappen zu werfen?

Punkte: max. 2

4

In einer Lostrommel sollen angeblich 500 Lose mit 50 Gewinnen sein.

a) Kann das sein, wenn Ilona bereits 15 Nieten gezogen hat?

b) Wie groß ist ihre Chance, nun einen Gewinn zu ziehen?

Punkte: max. 4

5

Wie hoch ist die Wahrscheinlichkeit mit zwei Würfeln

a) eine Summe größer als 10 zu würfeln,

b) eine Summe kleiner als 5 zu würfeln,

c) ein Produkt mit dem Wert 4 zu würfeln,

d) ein Produkt größer als 1 zu würfeln.

Punkte: max. 4

6

Sabine hat 80-mal gewürfelt. Ihre Ergebnisse sind:

Augenzahl	1	2	3	4	5	6
Häufigkeit	3	15	21	14	17	10

Wie groß ist jeweils die relative Häufigkeit?

Punkte: max. 4

7

Nenne das Gegenereignis zu

a) „Würfle eine 1"

b) „Ziehe eine rote Kugel aus dem Strumpf"

c) „Würfle zwei Zahlen, deren Produkt kleiner 4 ist"

d) „Würfle keine 6"

Punkte: max. 2

Gesamtpunkte: max. 20

Aufgaben Nummer	erreichte Punktzahl von (...)	Lernerfolg	Lernein-heit abha-ken ✓
1	_____ (2)	Wenn du die volle Punktzahl hast, dann kannst du sicher mit dem Begriff Zufall umgehen. Du darfst den Lernabschnitt abhaken.	9.1
2 3 4	_____ (2) _____ (2) _____ (4)	Wenn du in Aufgabe 2, 3 und 4 alle Punkte erreicht hast, dann kannst du die Wahrscheinlichkeit von Ereignissen bestimmen und darfst den Lernabschnitt abhaken.	9.2
5	_____ (4)	Wenn du für Aufgabe 5 alle Punkte erhalten hast, darfst du den Lernabschnitt Ereignisse abhaken.	9.3
6	_____ (4)	Wenn du hier alle Punkte erhalten hast, kannst du dir gratulieren und den Lernabschnitt abhaken.	9.4
7	_____ (2)	Dieses Kapitel über ungünstige Ergebnisse und Gegenereignisse kannst du abhaken, wenn du die Aufgabe richtig gelöst hast.	9.5

15 – 20 Punkte	8 – 14 Punkte	0 – 7 Punkte
Prima, du hast diesen Lernabschnitt gut verstanden! Nun bist du mit diesem Trainingsheft fertig.	Du hast viel gelernt, aber es könnte auch besser sein. Wiederhole die Lernabschnitte noch einmal, die in deiner Checkliste nicht abgehakt sind.	Es gibt bei dir noch viele Unsicherheiten. Du musst noch mehr üben! Wiederhole die Lernabschnitte noch einmal, die in deiner Checkliste nicht abgehakt sind.

Lösungen
ABER WIR HABEN GEHÖRT, DASS ES HIER LÖSUNGEN FÜR KÖRPER UND BRÜCHE GIBT.

Lösungen

1 Potenzen

1.1 Potenzen

1

a) $6^5 = 7776$
b) $17^3 = 4913$
c) $5 \cdot 5 \cdot 5 \cdot 5 = 5^4 = 625$
d) $8 \cdot 4 \cdot 2 = 2^3 \cdot 2^2 \cdot 2 = 2 \cdot 2 \cdot 2 \cdot 2 \cdot 2 \cdot 2 = 2^6 = 64$
e) $15 \cdot 5 \cdot 3 = 15 \cdot 15 = 15^2 = 225$

2

a) 371 293
b) 194 481
c) 19 683 000
d) 0,00001
e) 43 046 721
f) 8000
g) 1 367 631
h) 6 765 201

3

a) 3^3 b) 20^2 c) $8^2 = 4^3 = 2^6$ d) 5^3 e) $25^2 = 5^4$ f) 15^2 g) $9^3 = 3^6$ h) $2^9 = 8^3$

4

a) $\left(\frac{2}{3}\right)^4 = \frac{2^4}{3^4} = \frac{16}{81}$
b) $\left(\frac{1}{5}\right)^3 = \frac{1}{125}$
c) $\left(\frac{3}{7}\right)^2 = \frac{9}{49}$
d) $\left(\frac{6}{9}\right)^5 = \left(\frac{2}{3}\right)^5 = \frac{32}{243}$

5

a) $\frac{6^3}{2^3} = \left(\frac{6}{3}\right)^3 = 3^3 = 27$
b) $\frac{28^3}{4^3} = \left(\frac{28}{4}\right)^3 = 7^3 = 343$
c) $\frac{144^4}{100^4} = (1{,}44)^4 \approx 4{,}3$
d) $\frac{7^2}{63^2} = \left(\frac{1}{9}\right)^2 = \frac{1}{81}$

6

Potenziere zuerst die Ziffern und regle den Stellenwert durch Ergänzen von ***Nullen****.*

a) $(0{,}3)^2 = 0{,}09$ (0,3 · 0,3 zwei Stellen)
b) $(0{,}02)^3 = 0{,}000008$ (dreimal zwei Stellen = 6 Stellen)
c) $(0{,}005)^3 = 0{,}000000125$ (3 · 3 = 9 Stellen)
d) $(0{,}2)^5 = 0{,}00032$ (5 Stellen)
e) $(0{,}12)^2 = 0{,}0144$ (4 Stellen)
f) $(0{,}18)^2 = 0{,}0324$ (4 Stellen)

7

a) $(-17)^2 = 289$
b) $(-7)^4 = 2401$
c) $(-4)^5 = -1024$
d) $(-0{,}1)^9 = -0{,}000000001$
e) $(-a)^6 = a^6$
f) $(-2b)^3 = -8b^3$

8

a) $2^x = 128$; (auswendig gewusste Zweierpotenz): $2^7 = 128$; $x = 7$

b) $343 = x^3$; $7^3 = 343$ $\Rightarrow x = 7$

c) $324 = 18^y$; $324 = 18^2$ $\Rightarrow y = 2$

d) $(x)^3 = -216$; $(-6)^3 = -216$ $\Rightarrow x = -6$

e) $\left(-\frac{x}{3}\right)^5 = \left(-\frac{32}{y}\right)$; $\left(-\frac{2}{3}\right)^5 = -\frac{32}{243}$ $\Rightarrow x = 2 \Rightarrow y = 3^5 = 243$

f) $\frac{81}{225} = \left(\frac{x}{y}\right)^2$; $x = 9$; $y = 15$

g) $\left(\frac{3}{y}\right)^2 = \frac{x}{25}$; $x = 9$; $y = 5$

9

a) Jedes Elternteil hat eine Mutter, für dich 2 Großmütter;
jedes Großelternteil hat eine Mutter (4 Urgroßmütter);
jedes Urgroßelternteil hat eine Mutter (8 Ururgroßmütter).

b) Wenn du die Reihe in Aufgabe a) fortsetzt, so findest du heraus, dass die Reihe 2 – 4 – 8 – 16 – 32 … Zweierpotenzen darstellt.
Die Generationen kannst du an den Exponenten ablesen.
Du musst **fünf Generationen** zurückgehen, um 32 Urur…-Großmütter zu zählen, weil $2^5 = 32$.

c) Anzahl der Jahre: 2007 – 1680 = 327;
Anzahl der Generationen: 327 : 30 = 10,9 ≈ 11
Anzahl der weiblichen Vorfahren: $2^{11} = 2048$

10

a) $= 4^4 = 256$
b) $= 2^{10} = 1024$
c) $= 3^6 = 729$
d) $= 5^4 = 625$
e) $= (3^3)^2 = 3^6 = 729$
f) $= (4^2)^3 = 4^6 = 4096$
g) $= (-3)^6 = 729$
h) $= (-4)^6 = 4096$
i) $= x^{12}$
k) $= (-2)^4 (y^3)^4 = 16 \cdot y^{12}$

1.2 Potenzen mit gleicher Basis

1

a) $2^2 \cdot 2^4 = 2^6 = 64$
b) $5^3 \cdot 5 = 5^4 = 625$
c) $6^3 \cdot 6^2 = 6^5 = 7776$
d) $3^4 \cdot 3^3 = 3^7 = 2187$
e) $7^2 \cdot 7^2 = 7^4 = 2401$
f) $4^3 \cdot 4^5 = 4^8 = 65\,536$

2

a) $3^7 : 3^4 = 3^3 = 27$
b) $7^5 : 7^3 = 7^2 = 49$
c) $9^6 : 9^5 = 9^1 = 9$
d) $6^{14} : 6^{12} = 6^2 = 36$
e) $2^7 : 2^4 = 2^3 = 8$
f) $27^2 : 3^5 = (3^3)^2 : 3^5 = 3$

3

a) $= 2^4 \cdot 2^2 = 2^6 = 64$
b) $= 3^3 \cdot 3^2 = 3^5 = 243$
c) $= 2^5 \cdot 2^3 = 2^8 = 256$
d) $= 4^2 \cdot 4^2 = 4^4 = 256$
e) $= 9^2 \cdot 9 = 9^3 = 729$
f) $= 4^3 \cdot 4 = 4^4 = 256$

4

a) $x^2 \cdot x^3 = x^{2+3} = x^5$
b) $2a^5 \cdot a^3 = 2a^8$
c) $y^3 \cdot y^m = y^{3+m}$
d) $2b^4 \cdot 3b^7 = 6b^{11}$
e) $(-2)^3 \cdot (-2)^5 = (-2)^8 = 256$

5

a) $a^8 : a^3 = a^{8-3} = a^5$
b) $4x^7 : 2x^2 = 2x^5$
c) $27b^6 : 3b^2 = 9b^4$
d) $a^n : a^3 = a^{n-3}$
e) $12x^{m+2} : 4x^{m-2} = 3x^{m+2-(m-2)} = 3x^{m+2-m+2} = 3x^4$

1.3 Potenzen mit gleichen Exponenten

1

a) $4^2 \cdot 3^2 = (4 \cdot 3)^2 = 12^2 = 144$
b) $= (0{,}5 \cdot 4)^7 = 2^7 = 128$
c) $\left(\frac{27}{35}\right)^4 \cdot \left(\frac{7}{9}\right)^4 = \left(\frac{27 \cdot 7}{35 \cdot 9}\right)^4 = \left(\frac{3}{5}\right)^4 = \frac{3^4}{5^4} = \frac{81}{625}$ oder $0{,}6^4 = 0{,}1296$
d) $= (2)^5 = 32$
e) $4^2 \cdot (-250)^2 = (4 \cdot 250)^2 = 1000^2 = 1\,000\,000$
f) $7{,}5^3 \cdot 4^3 = (7{,}5 \cdot 4)^3 = 30^3 = 27\,000$

2

a) $= \left(\frac{27}{24}\right)^4 = 3^4 = 81$ (gekürzt mit 24)
b) $\left(\frac{108}{36}\right)^3 = 3^3 = 27$ (gekürzt mit 36)
c) $= \left(\frac{-164}{-82}\right)^7 = 2^7 = 128$
d) $\left(\frac{-135}{27}\right)^4 = (-5^4) = 625$

3

a) $= \left(-\frac{2 \cdot 10}{5}\right)^6 = (-4)^6 = 4096$
b) $\left(\frac{15 \cdot 33}{22 \cdot 20}\right)^3 = \left(\frac{9}{8}\right)^3 = \frac{729}{512}$
c) $4^2 \cdot 4^3 \cdot (1{,}5)^5 = 4^{2+3} \cdot (1{,}5)^5 = (4 \cdot 1{,}5)^5 = 6^5 = 7776$
d) $= (6 \cdot 7)^{2x-1} = 42^{2x-1}$

4

a) $= \left(\frac{20vw}{10v}\right)^5 \underbrace{=}_{\substack{\text{gekürzt}\\ \text{mit } 10v}} (2w)^5 = \mathbf{32w^5}$

b) $\underbrace{=}_{\substack{\text{a aus-}\\ \text{klammern}}} \frac{(a(a+1))^2}{(a+1)^2} \underbrace{=}_{\substack{\text{gekürzt}\\ \text{mit } (a+1)^2}} \mathbf{a^2}$

c) $\underbrace{=}_{\substack{\text{5 aus-}\\ \text{klammern}}} 5^2 \cdot \frac{(5(x-3))^3}{(x-3)^3} \underbrace{=}_{\substack{\text{gekürzt}\\ \text{mit } (x-3)^3}} 5^2 \cdot 5^3 = 5^5 = \mathbf{3125}$

d) $\underbrace{=}_{\substack{\text{3. bin. Formel}\\ \text{anwenden}}} \left(\frac{(x+3)\cdot(x-3)}{(x+3)}\right)^2 \underbrace{=}_{\substack{\text{gekürzt}\\ \text{mit } (x+3)}} (x-3)^2 \underbrace{=}_{\substack{\text{2. bin.}\\ \text{Formel}}} \mathbf{x^2 - 6x + 9}$

1.4 Potenzen mit negativen Exponenten

1

a) $= \frac{1}{4^3} = \mathbf{\frac{1}{64}}$

b) $= \frac{1}{5^2} = \mathbf{\frac{1}{25}}$

c) $= \frac{1}{2^7} = \mathbf{\frac{1}{128}}$

d) $\left(\frac{3}{2}\right)^2 = \mathbf{\frac{9}{4}}$

e) $\left(-\frac{5}{4}\right)^2 = \frac{5^2}{4^2} = \mathbf{\frac{25}{16}}$

f) $\left(\frac{8}{12}\right)^{-4} = \left(\frac{2}{3}\right)^{-4} = \left(\frac{3}{2}\right)^4 = \mathbf{\frac{81}{16}}$

g) $= \frac{3^2}{2^4} = \mathbf{\frac{9}{16}}$

2

a) $\frac{1}{3^3} = \mathbf{3^{-3}}$

b) $= \frac{1}{5^3} = \mathbf{5^{-3}}$

c) $= \frac{1}{7^3} = \mathbf{7^{-3}}$

d) $= \frac{7^2}{3^3} = \mathbf{\frac{3^{-3}}{7^{-2}}}$

e) $= \frac{13^2}{12^2} = \frac{12^{-2}}{13^{-2}} = \mathbf{\left(\frac{12}{13}\right)^{-2}}$

f) $\underbrace{=}_{\substack{\text{gekürzt}\\ \text{mit } 5}} \frac{25}{9} = \frac{5^2}{3^2} = \left(\frac{5}{2}\right)^2 = \mathbf{\left(\frac{2}{5}\right)^{-2}}$

3

a) $= 2^{-1} \cdot x^{-2}$

b) $= x^{-(m+1)} = x^{-m-1}$

c) $= 2(x)^{-3} \cdot 3y$

d) $= \frac{(2x)^{-2}}{(3y)^{-2}} \cdot \frac{4x}{3y} = (2x)^{-2} \cdot (3y)^2 \cdot \frac{4x}{3y} \underbrace{=}_{\substack{\text{gekürzt}\\ \text{mit } 3y}} (2x)^{-2} \cdot 3y \cdot 4x = \mathbf{3x^{-1}y}$

e) $= \frac{2^3y^3}{x^3} \cdot \frac{x^3}{-4y^2} \underbrace{=}_{\substack{\text{gekürzt}\\ \text{mit } x^3x^2}} \frac{8y}{-4} \underbrace{=}_{\substack{\text{gekürzt}\\ \text{mit } 4}} \mathbf{-2y}$

4

a) $\approx 1{,}27 \left(\frac{81}{64}\right)$

b) 0,5

c) 3

d) $= 9{,}75$

1.5 Große und kleine Zahlen

1

a) 5 067 000; $5{,}067 \cdot 10^6$
b) 5 000 024 000; $5{,}000024 \cdot 10^9$
c) 21 053 001 000 000; $2{,}1053001 \cdot 10^{13}$
d) 11 046 000 000 000 000; $1{,}1046 \cdot 10^{16}$
e) $4{,}6507 \cdot 10^8$; vierhundertfünfundsechzig Millionen siebzigtausend
f) $3{,}120502 \cdot 10^{11}$; dreihundertzwölf Milliarden fünfzig Millionen zweihunderttausend
g) $5{,}17002 \cdot 10^7$; einundfünfzig Millionen siebenhunderttausendzweihundert
h) $8{,}36057 \cdot 10^{10}$; dreiundachtzig Milliarden sechshundertfünf Millionen siebenhunderttausend

2

a) $9{,}083 \cdot 10^{-4}$ b) $7{,}62 \cdot 10^{-6}$ c) $3{,}4 \cdot 10^{-5}$ d) $1{,}75 \cdot 10^{-11}$

3

a) 0,00001008 b) 0,005091 c) 0,0000002741 d) 0,000005942

4

a) $3{,}12 \cdot 10^{-6}$ m b) $2{,}5 \cdot 10^{-8}$ g c) $2{,}75 \cdot 10^{-5}$ l d) $5{,}902 \cdot 10^{-6}$ s

5

a) $x = -4$ b) $x = -9$ c) $x = 5$

1.6 Potenzgesetze

1

a) 7^5 b) 25 c) 5^7 d) 8^3 e) 3^8 f) $(-4)^6$
g) $-(8{,}1)^4$ h) $0{,}13^2$ i) 2^9 k) 12^3 l) 6^4

2

a) $x = 4$ b) $x = 3$ c) $x = 5832$ d) $x = 5$

3

a) $(-3)^2 > (-2)^3$ weil $9 > -8$
b) $\left(\frac{1}{3}\right)^2 > \left(\frac{1}{4}\right)^2$, weil $\frac{1}{9} > \frac{1}{16}$
c) $(-0{,}2)^2 < (0{,}5)^4$, weil $0{,}04 < 0{,}0625$

4

a) $\frac{32}{243}$ b) $\frac{27}{343}$ c) $-\frac{64}{125}$ d) $\frac{625}{81}$

5

a) 0,008 b) 1,9487171 c) 0,00000081 d) 311,91114

6

a) 125 b) −4096 c) $= (+2)^8 = \mathbf{256}$ d) $= -(-125) = \mathbf{125}$

7

a) $1 \cdot 2^3 - 3^2 \cdot 2^3 = 2^3(1 - 3^2) = 8(1 - 9) = 8 \cdot (-8) = \mathbf{-64}$

b) $= 7^3(1 + 3^7) = 343(1 + 2187) = \mathbf{750\,484}$

c) $= -4^3 \cdot 5^3 - (6^3 \cdot 5^3) = 5^3 \cdot (-4^3 + 6^3) = 125(-64 + 216) = 125 \cdot 152 = \mathbf{19\,000}$

8

a) $\frac{256}{128} = \frac{2^8}{2^7} = \mathbf{2}$ b) $\frac{81}{243} = \frac{3^4}{3^5} = \mathbf{\frac{1}{3}}$ c) $\frac{32}{512} = \frac{2^5}{2^9} = \mathbf{\frac{1}{2^4}} \left(= \frac{1}{16}\right)$

d) $\frac{3^6}{9^3} = \frac{3^6}{(3^2)^3} = \frac{3^6}{3^6} = \mathbf{1}$ e) $\frac{8^3}{2^9} = \frac{(2^3)^3}{2^9} = \frac{2^9}{2^9} = \mathbf{1}$

9

$3^8 = 6561 < 10\,000 < 3^9 = 19683$; also ist $\mathbf{n = 8}$

10

a) $4{,}76 \cdot 10^{12} = 4\,760\,000\,000\,000$; in Worten: 4 Billionen 760 Milliarden

b) $2{,}567 \cdot 10^3 = 256\,700$; in Worten: zweitausendfünfhundertsiebenundsechzig

c) $0{,}004321 \cdot 10^9 = 4\,321\,000$; in Worten: 4 Mio 321 Tausend

11

a) $2^{-7} = \frac{1}{128} = \mathbf{0{,}0078125}$ b) $(7{,}5)^{-2} = \frac{1}{56{,}25} = \mathbf{0{,}01\overline{7}}$ c) $\left(\frac{1}{3}\right)^{-4} = \left(\frac{3}{1}\right)^4 = 3^4 = \mathbf{81}$

d) $\left(\frac{2}{5}\right)^{-3} = \left(\frac{5}{2}\right)^3 = \frac{125}{8} = \mathbf{15{,}625}$ e) $\left(-\frac{3}{7}\right)^{-4} = \left(-\frac{7}{3}\right)^4 = \frac{2401}{81} = \mathbf{29{,}641975}$

f) $= \left(\frac{25 \cdot 63}{28 \cdot 75}\right)^{-3} \underbrace{=}_{\text{gekürzt mit 7 und 25}} \left(\frac{1 \cdot 9}{4 \cdot 3}\right)^{-3} \underbrace{=}_{\text{gekürzt mit 3}} \left(\frac{3}{4}\right)^{-3} = \left(\frac{4}{3}\right)^3 = \mathbf{\frac{64}{27}}$

g) Begründung: $4 = 2^2 \Rightarrow 2^2 \cdot 2^5 = 2^{2+5} = \mathbf{2^7}$

Test

1

$3^{-4} = 0{,}012346$; $(-3)^4 = 81$; $-3^3 = -27$; $(-4)^{-3} = -0{,}015625$; $-3^4 = -81$; $(-4)^3 = -64$

Geordnet: $-3^4 < (-4)^3 < -3^3 < (-4)^{-3} < 3^{-4} < (-3)^4$

2

a) $= 18^2 = (2 \cdot 9)^2 = 2^2 \cdot 9^2$ b) $= 2^9$ c) $= 27^2 = (3^3)^2 = 3^6$ d) $216 = 2^3 \cdot 3^3$

Zu Teilaufgabe d): Zerlege $216 : 2 = 108$ *den Rest* $27 : 3 = 9$

$108 : 2 = 54$ $9 : 3 = 3 \Rightarrow 3^3$

$54 : 2 = 27 \Rightarrow 2^3$

3

a) $= 4 \cdot 4\ a^{3+2} = 16a^5$ b) $(-4)^{3a}$ c) $= \left(-\frac{1}{16}\right)^2 = \frac{1}{256}$ d) $= 10^{12-x-(-x+7)} = 10^5$

Zu Teilaufgabe d): Beachte beim Exponenten: $12 - x - (-x + 7) = 12 - x + x - 7 = 12 - 7 = 5$

4

a) $= a^{4-(-6)-9} = a^1 = a$ b) $= 1 + \frac{a^5(a^3-1)}{a^5} = 1 + (a^3 - 1) = a^3$

c) $= (5x^4)^2 - 2 \cdot 5x^4 \cdot 6xy^3 + (6xy^3)^2 = 25x^8 - 60x^5y^3 + 36x^2y^6$

5

a) $= 3{,}82 \cdot 10^5$ b) $= 7{,}1 \cdot 10^{-4}$ c) $= 1{,}85 \cdot 10^7$ d) $= 2{,}75 \cdot 10^{-11}$

6

Wie heißt die Zahl? Schreibe in Worten.

a) 7 Mio 400 Tausend
b) 3 Tausendstel 5 Zehntausendstel
c) 1 Mrd 207 Mio
d) 4 Zehntausendstel und 6 Millionstel

7

a) $x = -9$, weil $45^{-9+9} = 45^0 = 1$
b) $x = 1$, weil $3^{1-3} = 3^{-2} = \frac{1}{9}$
c) $x = -8$, weil $10^{3-8} = 10^{-5} = 0{,}00001$

2 Wurzeln

2.1 Quadratwurzeln

1

a) 9 b) 6 c) 11 d) 12 e) 14 f) 18

2

a) 7,5 b) 27 c) 457 d) 158,95219

3

a) $\frac{3}{5}$

b) $= \frac{15}{25} \underbrace{=}_{\text{gekürzt mit 5}} \frac{3}{5}$

c) $\sqrt{\frac{18}{98}} \underbrace{=}_{\text{gekürzt mit 2}} \sqrt{\frac{9}{49}} = \frac{3}{7}$

d) $\sqrt{\frac{75}{972}} \underbrace{=}_{\text{gekürzt mit 3}} \sqrt{\frac{25}{324}} = \frac{5}{18}$

2.2 Teilweise Wurzelziehen

1

a) $\sqrt{80} = \sqrt{16 \cdot 5} = 4\sqrt{5}$

b) $\sqrt{50} = \sqrt{25 \cdot 2} = 5\sqrt{2}$

c) $\sqrt{63} = \sqrt{9 \cdot 7} = 3\sqrt{7}$

d) $\sqrt{48} = \sqrt{16 \cdot 3} = 4\sqrt{3}$

e) $\sqrt{32} = \sqrt{16 \cdot 2} = 4\sqrt{2}$

f) $\sqrt{98} = \sqrt{49 \cdot 2} = 7\sqrt{2}$

2

a) $\sqrt{12a^2b} = \sqrt{4 \cdot 3a^2b} = 2a\sqrt{3b}$

b) $\sqrt{96x^2y^4} = \sqrt{16 \cdot 6x^2y^4} = 4xy^2\sqrt{6}$

c) $\sqrt{54x^3} = \sqrt{9 \cdot 6x^2x} = 3x\sqrt{6x}$

d) $\sqrt{\frac{192a^2b^3}{3}} = \sqrt{\frac{64 \cdot \cancel{3}a^2b^2b}{\cancel{3}}} = 8ab\sqrt{b}$

3

a) $= \sqrt{\frac{36}{100}} = \frac{6}{10} = 0{,}6$

b) $= \sqrt{\frac{81}{100}} = \frac{9}{10} = 0{,}9$

c) $= \sqrt{\frac{25}{10\,000}} = \frac{5}{100} = 0{,}05$

d) $= \sqrt{\frac{121}{10\,000}} = \frac{11}{100} = 0{,}11$

4

a) $\underbrace{=}_{\text{gekürzt mit 5}} \sqrt{\frac{1}{9}} = \frac{1}{3}$

b) $= \frac{10}{12} \underbrace{=}_{\text{gekürzt mit 2}} \frac{5}{6}$

c) $\sqrt{\frac{48}{192}} \underbrace{=}_{\text{gekürzt mit 3}} \sqrt{\frac{16}{64}} = \frac{4}{8} \underbrace{=}_{\text{gekürzt mit 4}} \frac{1}{2}$

d) $\sqrt{\frac{72}{450}} \underbrace{=}_{\text{gekürzt mit 2}} \sqrt{\frac{36}{225}} = \frac{6}{15} \underbrace{=}_{\text{gekürzt mit 3}} \frac{2}{5}$

5

a) $\sqrt{\frac{192a^2b^3}{243b^5}} \underbrace{=}_{\text{gekürzt mit } 3b^3} \sqrt{\frac{64a^2}{81b^2}} = \frac{8a}{9b}$

b) $\sqrt{\frac{60x^4y^5}{135x^2y^4}} \underbrace{=}_{\text{gekürzt mit } 15x^2y^4} \sqrt{\frac{4x^2y}{9}} = \frac{2x\sqrt{y}}{3}$

c) $\sqrt{(3x-4y)^2} = 3x - 4y$

d) Unter der Wurzel stehen zwar zwei Quadratzahlen, doch sie bilden eine Differenz. Mit der dritten binomischen Formel kannst du den Term verändern, das bringt auch keine Lösung des Wurzelterms, weil $\sqrt{(3x+1)(3x-1)}$ zwar nun ein Produkt bildet, aber keine Quadratzahlen als Faktoren hat. Also bleibt die Aufgabe ohne Vereinfachung stehen.

6

Der Flächeninhalt des Rechtecks beträgt: $A = a \cdot b = 27 \cdot 12 = 324\,\text{cm}^2$.
Die Seitenlänge des Quadrats beträgt: $a = \sqrt{324} = 18\,\text{cm}$.

2.3 Rechnen mit Wurzeln

1

a) $4\sqrt{16} + \sqrt{16} = \sqrt{16}\,(4+1) = 4 \cdot 5 = 20$
b) $17\sqrt{49} - 13\sqrt{49} = \sqrt{49} \cdot (17-13) = 7 \cdot 4 = 28$
c) $2{,}7\sqrt{a} + 3{,}3\sqrt{a} = (2{,}7 + 3{,}3)\sqrt{a} = 6\sqrt{a}$

2

a) $= \sqrt{5 \cdot 20} = \sqrt{100} = 10$
b) $= \sqrt{14 \cdot 56} = \sqrt{784} = 28$
c) $= \sqrt{8 \cdot 32} = \sqrt{256} = 16$
d) $= \sqrt{15 \cdot 60} = \sqrt{900} = 30$

3

a) $\sqrt{125:5} = \sqrt{25} = 5$
b) $\sqrt{343:7} = \sqrt{49} = 7$
c) $\sqrt{578:2} = \sqrt{289} = 17$
d) $\sqrt{612:17} = \sqrt{36} = 6$

4

a) $\sqrt{21:5{,}25} = \sqrt{4} = 2$
b) $\sqrt{196:49} = \sqrt{4} = 2$
c) $\sqrt{9{,}375:1{,}5} = \sqrt{6{,}25} = 2{,}5$
d) $\sqrt{324:64} = 18:8 = 2{,}25$

5

a) $= \sqrt{\frac{5a}{a}} \underbrace{=}_{\text{gekürzt mit a}} \frac{\sqrt{5}}{1} = \sqrt{5}$

b) $\sqrt{\frac{45x}{5x}} \underbrace{=}_{\text{gekürzt mit 5x}} \sqrt{9} = 3$

c) $\sqrt{\frac{4x-12y}{x-3y}} = \sqrt{\frac{4(x-y)}{(x-3y)}} \underbrace{=}_{\text{gekürzt mit } (x-3y)} \sqrt{4} = 2$

d) $\sqrt{\frac{a^2-b^2}{a-b}} = \sqrt{\frac{(a+b)(a-b)}{(a-b)}} \underbrace{=}_{\text{gekürzt mit } (a-b)} \sqrt{a+b}$

2.4 Umformen von Wurzeltermen

1

a) $\frac{4}{\sqrt{7}} \underbrace{=}_{\text{erweitert mit } \sqrt{7}} \frac{4\cdot\sqrt{7}}{\sqrt{7}\cdot\sqrt{7}} = \frac{4\cdot\sqrt{7}}{7}$

b) $\frac{\sqrt{2}}{\sqrt{3}} \underbrace{=}_{\text{erweitert mit } \sqrt{3}} \frac{\sqrt{2}\cdot\sqrt{3}}{\sqrt{3}\cdot\sqrt{3}} = \frac{\sqrt{6}}{3}$

c) $\frac{3\sqrt{2}}{\sqrt{3}} \underbrace{=}_{\text{erweitert mit } \sqrt{3}} \frac{3\sqrt{6}}{3} \underbrace{=}_{\text{gekürzt mit 3}} \sqrt{6}$

d) $\frac{5}{\sqrt{15}} \underbrace{=}_{\text{erweitert mit } \sqrt{15}} \frac{5\sqrt{15}}{15} \underbrace{=}_{\text{gekürzt mit 5}} \frac{\sqrt{15}}{3}$

e) $\frac{10}{3\sqrt{2}} \underbrace{=}_{\text{erweitert mit } \sqrt{2}} \frac{10\cdot\sqrt{2}}{3\cdot 2} \underbrace{=}_{\text{gekürzt mit 2}} \frac{5\cdot\sqrt{2}}{3}$

f) $\frac{4a}{\sqrt{2}} \underbrace{=}_{\text{erweitert mit } \sqrt{2}} \frac{4a\sqrt{2}}{2} \underbrace{=}_{\text{gekürzt mit 2}} 2a\sqrt{2}$

2

a) $\frac{2a}{\sqrt{2}} = \frac{2a\sqrt{2}}{2} = a\sqrt{2}$

b) $\frac{9e}{\sqrt{3}} = \frac{9e\sqrt{3}}{3} = 3e\sqrt{3}$

c) $\frac{2a\sqrt{3}}{\sqrt{2}} = \frac{2a\sqrt{6}}{2} = a\sqrt{6}$

d) $\frac{2a+1}{\sqrt{2}} \underbrace{=}_{\text{erweitert mit } \sqrt{1}} \frac{(2a+1)\sqrt{2}}{2} = \frac{2a\sqrt{2}+1\cdot\sqrt{2}}{2}$

e) $\frac{6(b-1)}{\sqrt{2}} = \frac{6\sqrt{2}(b-1)}{2} = 3\sqrt{3}(b-1)$ *Evtl. kannst du noch die Klammer ausmultiplizieren: $3b\sqrt{3} - 3\sqrt{3}$*

f) $\frac{\sqrt{3}-\sqrt{2}}{\sqrt{2}} = \frac{(\sqrt{3}-\sqrt{2})\sqrt{2}}{2} = \frac{\sqrt{3}\cdot\sqrt{2}-2}{2} = \frac{\sqrt{6}}{2} - \frac{2}{2} = \frac{\sqrt{6}}{2} - 1$

3

a) $= (e + 2e)\sqrt{3} = 3e\sqrt{3}$

b) $= e(\sqrt{3} + 2\sqrt{2})$

c) $= e\sqrt{3} + 2e\sqrt{2\cdot 3} = e\sqrt{3}\cdot(1 + 2\sqrt{2})$

d) $= \frac{1}{4}e\sqrt{3} + \frac{1\cdot 2}{2\cdot 2}e\sqrt{3} = \frac{3}{4}e\sqrt{3}$

e) $= \frac{e}{5}\sqrt{2} + 2e\sqrt{2} = \frac{e}{5}\sqrt{2} + \frac{10}{5}e\sqrt{2} = \frac{11}{5}e\sqrt{2}$

f) $= e\sqrt{3} - e\sqrt{3} + e = e$

g) $= \frac{e}{3}\sqrt{3} + \frac{e}{2}\sqrt{3\cdot 9} = \frac{e\cdot 2}{3\cdot 2}\sqrt{3} + \frac{3e\cdot 3}{2\cdot 3}\sqrt{3} = \frac{2}{6}e\sqrt{3} + \frac{9}{6}e\sqrt{3} = \frac{11}{6}e\sqrt{3}$

h) $= 4 - 4\sqrt{3} + 3 = 7 - 4\sqrt{3}$

i) $= 5 + 2\sqrt{5}\cdot\sqrt{10} + 10 = 15 + 2\sqrt{50} = 15 + 2\cdot 5\sqrt{2} = 15 + 10\sqrt{2}$

$\sqrt{50} = \sqrt{25\cdot 2} = 5\sqrt{2}$

k) $= 4\cdot 3 - 2\cdot 2\cdot\sqrt{3}\cdot 4\cdot\sqrt{2} + 16\cdot 2 = 12 - 16\cdot\sqrt{6} + 32 = 44 - 16\sqrt{6}$

l) $= 2\cdot\frac{1}{2}e\cdot e\sqrt{3}\cdot\sqrt{2} = e^2\sqrt{6}$

m) $= \frac{e^2}{6}\sqrt{3} + \frac{e^2\cdot 3}{2\cdot 3}\sqrt{3} = \frac{4}{6}e^2\sqrt{3}$

n) $= \sqrt{\frac{4}{9}e^2\cdot 3 + e^2} = \sqrt{\frac{4}{3}e^2 + \frac{3}{3}e^2} = \sqrt{\frac{7}{3}e^2} = e\frac{\sqrt{7}}{\sqrt{3}} \underbrace{=}_{\text{Nenner rational machen}} \frac{e}{3}\sqrt{21}$

o) $= \sqrt{\frac{25}{16}a^2 - \frac{1}{4}a^2\cdot 2} = a\sqrt{\frac{25}{16} - \frac{8}{16}} = a\sqrt{\frac{17}{16}} = \frac{a}{4}\sqrt{17}$

4

a) $\dfrac{\frac{3}{4}e\sqrt{48}}{\frac{1}{4}\sqrt{3}} = \frac{3}{4}\cdot\frac{1}{4}\cdot\frac{e\sqrt{48}}{\sqrt{3}} \underbrace{=}_{\sqrt{48:3}=\sqrt{16}} 3e\sqrt{16} = 3\cdot 4e = \mathbf{12e}$

b) $\dfrac{\frac{e}{3}\sqrt{3}\cdot\sqrt{6}}{\frac{1}{2}\sqrt{2}} = \frac{e}{3}\cdot\frac{2}{1}\cdot\sqrt{\frac{3\cdot 6}{2}} \underbrace{=}_{\text{gekürzt mit 2}} \frac{2e\cdot\sqrt{9}}{3} = \frac{2e\cdot 3}{3} \underbrace{=}_{\text{gekürzt mit 3}} \mathbf{2e}$

c) $\dfrac{\frac{2}{3}e\sqrt{3}}{\frac{e}{3}\sqrt{21}} = \frac{2e}{3}\cdot\frac{3}{e}\cdot\frac{\sqrt{3}}{\sqrt{21}} \underbrace{=}_{\text{gekürzt mit 3e}} 2\sqrt{\frac{3}{21}} \underbrace{=}_{\text{gekürzt mit 3}} 2\cdot\frac{1}{\sqrt{7}} = \frac{2}{\sqrt{7}} \underbrace{=}_{\text{Nenner rational machen}} \mathbf{\frac{2\sqrt{7}}{7}}$

2.5 Höhere Wurzeln

1

a) 2 b) 5 c) 8 d) 9 e) $2a$ f) $3x^2y$ g) $7\sqrt[3]{x^2}$

2

a) $r = 2{,}5$ b) $a = 8$ c) $x = 1{,}5$ d) $b = 5{,}4$

3

a) $x = \sqrt[3]{729}$
$\mathbf{x = 9}$

b) $(y+1)^3 = 216$
$y + 1 = \sqrt[3]{216}$
$y + 1 = 6$
$\mathbf{y = 5}$

c) $1 + x = \sqrt[9]{512}$
$1 + x = 2$
$\mathbf{x = 1}$

d) $x = \sqrt[5]{32^4}$
$x = \sqrt[5]{2^{20}}$
$\mathbf{x = 16}$

4

a) 2 b) 1,5 c) 1,2 d) 2,5 e) 0,5

Gib den Radikanten als Zehnerpotenz mit 3,90625EE-3 in den Taschenrechner ein, dann erhältst du das ungerundete Ergebnis $5\cdot 10^{-1} = 0{,}5$.

5

a) ≈ 14,0089 b) ≈ 6,5696 c) ≈ 1,1220 d) ≈ 1,1950 e) ≈ 0,3848

2.6 Lösen von Sachaufgaben

1

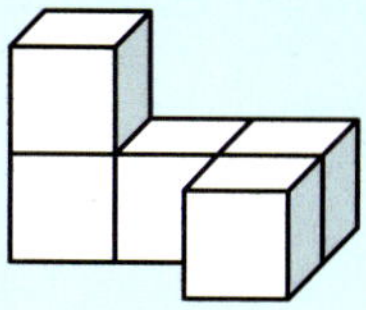

Die Oberfläche besteht aus 22 Quadratflächen mit der Kantenlänge a. Eine Quadratfläche beträgt 137,50 : 22 = 6,25 cm^2.
Eine Quadratkantenlänge berechnet sich aus
$a^2 = 6{,}25 \Rightarrow a = \sqrt{6{,}25} =$ **2,5 cm**.
Die Kantenlängen der einzelnen Würfel sind 2,5 cm lang.

2

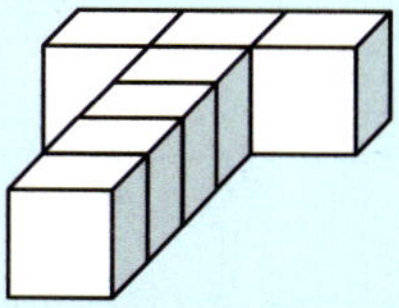

Die Oberfläche des T besteht aus 30 gleichgroßen Quadratflächen.
Eine Quadratfläche hat die Größe 1920 : 30 = 64 cm^2.
Die Kantenlänge eines Würfels beträgt
$a = \sqrt{64} = 8$ cm.
Das Volumen des Körpers beträgt:
$7 \cdot 8^3\,cm^3 = 7 \cdot 512\,cm^3 =$ **$3584\,cm^3$**.

3

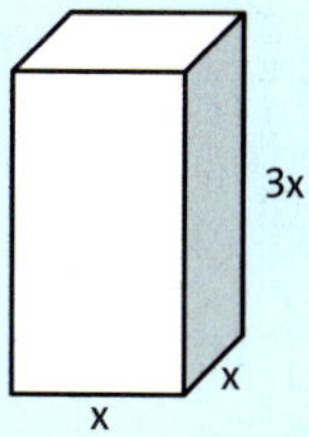

a) Die Oberfläche des Quaders besteht aus
$O = 4 \cdot x \cdot 3x + 2 \cdot x^2 = 14x^2 = 350e^2$.
$x^2 = 350e^2 : 14 = 25e^2 \Rightarrow x =$ **5e**
Die Höhe des Quaders ist $3 \cdot 5e =$ **15e**

b) $O = 700e^2 = 14x^2 = 700e^2 \Rightarrow x = \sqrt{50e^2} =$ **$5e\sqrt{2}$**
Die Kantenlänge wird um den Faktor $\sqrt{2}$ größer.

4

Seitenlänge des Quadrats $a = \sqrt{992{,}25} = 31{,}50$ m
Anzahl der Tannen: 31,50 : 4,50 = 7
Für zwei Seiten braucht man 14 + 1 (Für den Anfang!) = **15 Tannen**.

5

Alter des Vaters damals: x Jahre
$\sqrt{x} = 5 \Rightarrow$ **x = 25**, wegen $\sqrt{25} = 5$.
Alter des Vaters damals: 25 Jahre
Alter des Vaters heute: 35 Jahre

6

Die Aufgabe lässt sich sehr einfach durch die Unterteilung des roten Quadrats in geeignete kleine Quadrate lösen.

16 Quadrate
$A_1 = 64\ cm^2$
$a_1 = 8\,cm$

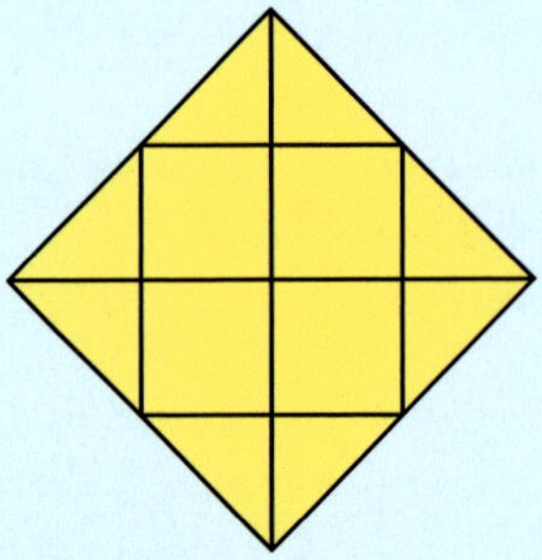

8 Quadrate
(halb so viele Quadrate ⇒ halb so groß)
$A_2 = 32\,cm^2$
$a_2 = \sqrt{32} = 4\sqrt{2}$

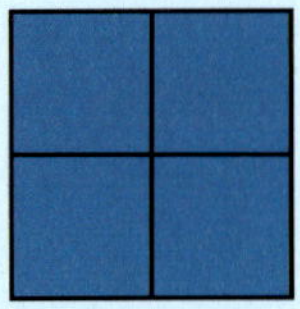

4 Quadrate
$A_3 = 16\ cm^2$
$a_3 = 4\,cm$

Test

1

a) $9a\,(a \geqq 0)$ b) $13x^2$ c) $3b$ d) 10

2

a) $= \sqrt{144 \cdot 2} = 12\sqrt{2}$

b) $= \sqrt[3]{125 \cdot 2} = 5\sqrt[3]{2}$

c) $= \sqrt{16 \cdot 2ab^2} = 4b\sqrt{2a}$

d) $= \sqrt{\frac{4}{4}e^2 - \frac{1}{4}e^2} = \sqrt{\frac{3}{4}e^2} = \frac{e}{2}\sqrt{3}$

3

a) $= \frac{9}{12} \underbrace{=}_{\text{gekürzt mit 3}} \frac{3}{4}$

b) $\frac{\sqrt{7a^2}}{\sqrt{63a^2}} \underbrace{=}_{\text{gekürzt mit } 7a^2} \sqrt{\frac{1}{9}} = \frac{1}{3}$

c) $\underbrace{=}_{\text{gekürzt mit } 5x} \sqrt{18} = \sqrt{9 \cdot 2} = 3\sqrt{2}$

4

a) $3\sqrt{4a} + 5\sqrt{4a} - 7\sqrt{4a} = (3 + 5 - 7)\sqrt{4a} = 1 \cdot 2\sqrt{a} = 2\sqrt{a}$

b) $\sqrt{12a} \cdot \sqrt{3a} = \sqrt{36a^2} = 6a$

c) $\sqrt{27x^3} : \sqrt{3x} = \sqrt{9x^2} = 3x$

5

a) $= \frac{(4 - e) \cdot \sqrt{3}}{\sqrt{3} \cdot \sqrt{3}} = \frac{4\sqrt{3} - e\sqrt{3}}{3}$

b) $= \frac{3\sqrt{6} \cdot \sqrt{2}}{\sqrt{2} \cdot \sqrt{2}} = \frac{3\sqrt{12}}{2} = \frac{3 \cdot 2\sqrt{3}}{2} = 3\sqrt{3}$ oder einfacher: $3\sqrt{\frac{6}{2}} = 3\sqrt{3}$

c) $= \frac{1 - \sqrt{7}}{\sqrt{7}} = \frac{(1 - \sqrt{7}) \cdot \sqrt{7}}{\sqrt{7} \cdot \sqrt{7}} = \frac{\sqrt{7} - 7}{7} \left[= \frac{\sqrt{7}}{7} - 1 \right]$

6

a) $= 3 - 2\sqrt{3} \cdot \sqrt{6} + 6 = 9 - 2\sqrt{18} = 9 - 2\sqrt{2 \cdot 9} = 9 - 2 \cdot 3\sqrt{2} = 9 - 6\sqrt{2}$

b) $= 16 \cdot 2a - 2 \cdot 4\sqrt{2a}\sqrt{a} + a = 33a - 8a\sqrt{2}$

c) $= \sqrt{\frac{\cancel{(3x + 4y)}(3x - 4y)}{\cancel{(3x + 4y)}}} = \sqrt{3x - 4y}$

7

Flächeninhalt des Trapezes: $A = \frac{a + c}{2} \cdot h = \frac{4e + 2e}{2} \cdot 3e = 9e^2$

Seitenkantenlänge des Quadrats: $a = \sqrt{9e^2} = 3e$

3 Quadratische Gleichungen und Funktionen

3.1 Rein quadratische Gleichungen

1

a) $2x^2 = 18 \quad | :2$
$x^2 = 9 \quad | \sqrt{}$
$x_{1,2} = \pm 3$

b) $4x^2 - 100 = 0 \quad | :4$
$x^2 = 25 \quad | \sqrt{}$
$x_{1,2} = \pm 5$

c) $x^2 - 1{,}69 = 0 \quad | +1{,}69$
$x^2 = 1{,}69 \quad | \sqrt{}$
$x_{1,2} = \pm 1{,}3$

d) $x^2 = \frac{8}{18}$
$x^2 = \frac{4}{9} \quad | \sqrt{}$
$x_{1,2} = \pm \frac{2}{3}$

e) $\frac{1}{5}x^2 + \frac{2}{5} = \frac{9}{20} \quad | \cdot 5$
$x^2 + 2 = \frac{9}{4} \quad | -2$
$x^2 = \frac{1}{4} \quad | \sqrt{}$
$x_{1,2} = \pm \frac{1}{2}$

f) $x^2 + \frac{48}{123} = 0 \quad | -\frac{48}{123}$
$x^2 = -\frac{48}{123} \quad | \sqrt{}$
Es gibt **keine Lösung**.

2

a) $x^2 = 12 \quad | \sqrt{}$
$x_{1,2} = \pm 3{,}46$

b) $x^2 - 5{,}8 = 0$
$x^2 = 5{,}8 \quad | \sqrt{}$
$x_{1,2} = \pm 2{,}41$

c) $4x^2 = 27 \quad | :4$
$x^2 = 6{,}75 \quad | \sqrt{}$
$x_{1,2} = \pm 2{,}60$

d) $x^2 - 7 = 46 \quad | +7$
$x^2 = 53 \quad | \sqrt{}$
$x_{1,2} = \pm 7{,}28$

3

a) $2x^2 - 37 = 61 \quad | +37$
$2x^2 = 98 \quad | :2$
$x^2 = 49 \quad | \sqrt{}$
$x_{1,2} = \pm 7$

b) $\frac{1}{4}x^2 - 1\frac{1}{4} = 2 + \frac{3}{4} \quad | +1\frac{1}{4}$
$\frac{1}{4}x^2 = 4 \quad | \cdot 4$
$x^2 = 16 \quad | \sqrt{}$
$x_{1,2} = \pm 4$

c) $3x^2 + 4x + 2 = 10 - 5x^2 + 4x \quad | +5x^2 - 4x - 2$
$8x^2 = 8 \quad | :8$
$x^2 = 1 \quad | \sqrt{}$
$x_{1,2} = \pm 1$

4

a) $x^2 + 12x - 26 - 5x = 49 + 3x - 3x^2 + 4x + 25$

$$x^2 + 7x - 26 = 74 + 7x - 3x^2 \quad | + 3x^2 - 7x + 26$$
$$4x^2 = 100 \quad | : 4$$
$$x^2 = 25 \quad | \sqrt{\ }$$
$$x_{1,2} = \pm 5$$

b) $(2x + 1)^2 - 60 = 2x(4 - x) - (x + 2)(x - 2) - 4x$

$$4x^2 + 4x + 1 - 60 = 8x - 2x^2 - (x^2 - 4) - 4x$$
$$4x^2 + 4x - 59 = 8x - 2x^2 - x^2 + 4 - 4x$$
$$4x^2 + 4x - 59 = 4x - 3x^3 + 4 \quad | +3x^2 - 4x + 59$$
$$7x^2 = 63 \quad | :7$$
$$x^2 = 9 \quad | \sqrt{\ }$$
$$x_{1,2} = \pm 3$$

3.2 Rein quadratische Funktionen

1

a) A(0,75 | ≈ 0,6) b) B(−1,6 | ≈ 2,6) c) C(±1,2 | 1,5) d) D(±1,8 | 3,25)

2

a) E(3,5 | ≈ 20,3) b) F(−6,5 | ≈ 40,3) c) G(≈ 5,5 | 30) d) F(≈ 3,5 | 12)

3

a) $y = 4x^2$ b) $y = \frac{2}{3}x^2$

c) $y = -2x^2$ d) $y = -\frac{1}{4}x^2$

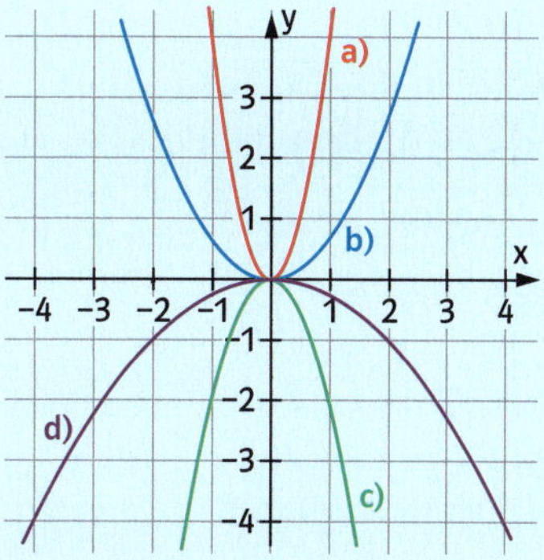

4

Punktprobe für A(−2 | 18): p_1: $18 = 4{,}5 \cdot (-2)^2$

$18 = 18$; **A** liegt auf p_1

Punktprobe für B(0,5 | 0,5): p_2: $0{,}5 = -2 \cdot (0{,}5)^2$

$0{,}5 = -2 \cdot 0{,}25$

$0{,}5 = 0{,}5$; **B** liegt auf p_2

Punktprobe für C(3 | 7,5): p_3: $7{,}5 = -3 \cdot (3)^2$

$7{,}5 \neq -27$; **C** liegt nicht auf p_3

p_4: $7{,}5 = \frac{5}{6} \cdot 3^2 = \frac{5 \cdot 9}{6}$

$7{,}5 = 7{,}5$; **C** liegt auf p_4.

Punktprobe für $D\left(\frac{2}{3} \middle| -\frac{4}{3}\right)$: p_3: $-\frac{4}{3} = -3 \cdot \left(\frac{2}{3}\right)^2$

$-\frac{4}{3} = -3 \cdot \frac{4}{9} = -\frac{4}{3}$; **D** liegt auf p_3.

5

a) $y = x^2 + 1{,}5$ b) $y = x^2 - 4$

c) $y = 1{,}5x^2 - 1$ d) $y = -\frac{1}{3}x^2 + 3$

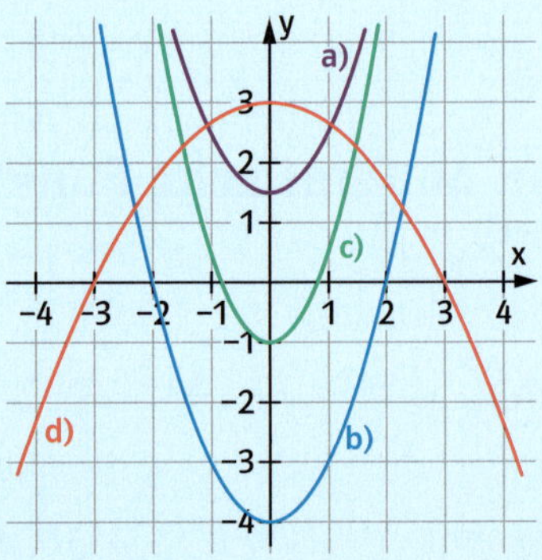

6

a) $y = x^2 - 2$ b) $y = -x^2 + 4$

c) $y = -\frac{1}{4}x^2 + 7$

d) Der erste Punkt liefert die Gleichung: $y = ax^2 - 3$
Mache dann eine Punktprobe mit P(4 | 5):

$5 = a \cdot (4)^2 - 3 \Rightarrow a = (5 + 3) : 16 = \frac{1}{2}$

Also lautet die Gleichung: $y = \frac{1}{2}x^2 - 3$.

7

a) $y = -3x^2 + 3$:
Die Parabel ist nach unten geöffnet, hat eine enge Form und der Scheitel liegt bei S(0 | 3).

b) $y = \frac{2}{3}x^2 - 4$:
Die Parabel ist nach oben geöffnet, hat eine weite Form und ihr Scheitel liegt bei S(0 | −4).

8

Die linke Parabel hat ihren Scheitel bei $S(0 \mid -4)$ und schneidet bei $N_1(-2 \mid 0)$ und $N_2(2 \mid 0)$ die x-Achse. Deshalb kann nur die Funktionsgleichung b) $y = x^2 - 4$ die Lösung sein.
Die rechte Parabel hat ihren Scheitel im Ursprung $S(0 \mid 0)$. Die Punktprobe $4{,}5 = a(-3)^2$ liefert $a = \frac{1}{2}$, also lautet die Gleichung d) $y = \frac{1}{2}x^2$.

3.3 Gemischt quadratische Gleichungen

1

a) $x^2 + 12x + 36 = (x + 6)^2$

b) $x^2 - 3x + 2{,}25 = (x - 1{,}5)^2$

c) $4x^2 + 16x + 16 = (2x + 4)^2$

d) $\frac{1}{4}x^2 + \frac{1}{3}x + \frac{1}{9} = \left(\frac{1}{2}x + \frac{1}{3}\right)^2$

2

a) $x^2 - 10x + 20 =$
$x^2 - 10x + 25 + 20 - 25 =$
$(x - 5)^2 - 5$

b) $x^2 + 14x + 63 =$
$x^2 + 14x + 49 + 63 - 49 =$
$(x + 7)^2 + 14$

c) $x^2 - 9x + 17 =$
$x^2 - 9x + 20{,}25 + 17 - 20{,}25 =$
$(x - 4{,}5)^2 - 3{,}25$

d) $x^2 - \frac{4}{3}x + \frac{5}{9} =$
$x^2 - \frac{4}{3}x + \frac{4}{9} + \frac{5}{9} - \frac{4}{9} =$
$\left(x - \frac{2}{3}\right)^2 + \frac{1}{9}$

3

a) $(x + 7)^2 = 289 \quad | \sqrt{\ }$
$x + 7 = \pm 17 \quad | -7$
$x_1 = +17 - 7 = 10$
$x_2 = -17 - 7 = -24$

b) $(x - 8)^2 - 144 = 0 \quad | +144$
$(x - 8)^2 = 144 \quad | \sqrt{\ }$
$x - 8 = \pm 12 \quad | +8$
$x_1 = +12 + 8 = 20$
$x_2 = -12 + 8 = -4$

c) $\left(x - \frac{3}{4}\right)^2 = \frac{25}{36} \quad | \sqrt{\ }$
$x - \frac{3}{4} = \pm \frac{5}{6} \quad | +\frac{3}{4}$
$x_1 = \frac{5}{6} + \frac{3}{4} = \frac{19}{12} = 1\frac{7}{12}$
$x_2 = -\frac{5}{6} + \frac{3}{4} = -\frac{1}{12}$

d) $6(x + 2{,}5)^2 = 13{,}5 \quad | :6$
$(x + 2{,}5)^2 = 2{,}25 \quad | \sqrt{\ }$
$x + 2{,}5 = \pm 1{,}5 \quad | -2{,}5$
$x_1 = 1{,}5 - 2{,}5 = -1$
$x_2 = -1{,}5 - 2{,}5 = -4$

4

a) $x^2 + 10x + 25 = 121$
$(x+5)^2 = 121 \quad |\sqrt{\ }$
$x + 5 = \pm 11 \quad |-5$
$x_1 = 11 - 5 = 6$
$x_2 = -11 - 5 = -16$

b) $x^2 - 22x + 121 = 625$
$(x-11)^2 = 625 \quad |\sqrt{\ }$
$x - 11 = \pm 25 \quad |+11$
$x_1 = 25 + 11 = 36$
$x_2 = -25 + 11 = -14$

c) $x^2 - 7x + 12{,}25 = 20{,}25$
$(x-3{,}5)^2 = 20{,}25 \quad |\sqrt{\ }$
$x - 3{,}5 = \pm 4{,}5 \quad |+3{,}5$
$x_1 = 4{,}5 + 3{,}5 = 8$
$x_2 = -4{,}5 + 3{,}5 = -1$

d) $x^2 + \frac{1}{3}x + \frac{1}{36} = \frac{25}{81}$
$\left(x + \frac{1}{6}\right)^2 = \frac{25}{81} \quad |\sqrt{\ }$
$x + \frac{1}{6} = \pm\frac{5}{9} \quad |-\frac{1}{6}$
$x_1 = \frac{5}{9} - \frac{1}{6} = \frac{7}{18}$
$x_2 = -\frac{5}{9} - \frac{1}{6} = -\frac{13}{18}$

5

a) $x^2 - 6x - 16 = 200$
$x^2 - 6x + 9 - 16 - 9 = 200 \quad |+25$
$(x-3)^2 = 225 \quad |\sqrt{\ }$
$x - 3 = \pm 15 \quad |+3$
$x_1 = 15 + 3 = 18$
$x_2 = -15 + 3 = -12$

b) $x^2 + 14x + 40 = 160$
$x^2 + 14x + 49 + 40 - 49 = 160 \quad |+9$
$(x+7)^2 = 169 \quad |\sqrt{\ }$
$x + 7 = \pm 13$
$x_1 = 13 - 7 = 6$
$x_2 = -13 - 7 = -20$

c) $x^2 - 7x + 7 = 51$
$x^2 - 7x + 12{,}25 + 7 - 12{,}25 = 51 \quad |-5{,}25$
$(x-3{,}5)^2 = 56{,}25 \quad |\sqrt{\ }$
$x - 3{,}5 = \pm 7{,}5 \quad |+3{,}5$
$x_1 = 7{,}5 + 3{,}5 = 11$
$x_2 = -7{,}5 + 3{,}5 = -4$

d) $x^2 - \frac{2}{5}x + \frac{28}{75} = \frac{219}{225}$
$x^2 - \frac{2}{5} + \frac{1}{25} + \frac{28}{75} - \frac{1}{25} = \frac{219}{225}$
$\left(x - \frac{1}{5}\right)^2 + \frac{1}{3} = \frac{219}{225} \quad |-\frac{1}{3}$
$\left(x - \frac{1}{5}\right)^2 = \frac{144}{225} \quad |\sqrt{\ }$
$x - \frac{1}{5} = \pm\frac{12}{15} \quad |+\frac{1}{5}$
$x_1 = \frac{12}{15} + \frac{1}{5} = 1$
$x_2 = -\frac{12}{15} + \frac{1}{5} = -\frac{3}{5}$

NR:
$\frac{28}{75} - \frac{1}{25} = \frac{28-3}{75} = \frac{25}{75} = \frac{1}{3}$
$\frac{219}{225} - \frac{1}{3} = \frac{219-75}{225} = \frac{144}{225}$
$\frac{12}{15} + \frac{1}{5} = \frac{12+3}{15} = \frac{15}{15} = 1$
$-\frac{12}{15} + \frac{1}{5} = \frac{-12+3}{15} = \frac{-9}{15}$

6

a)
$$(x-4)(x-6)=0$$
$$x^2-4x-6x+24=0$$
$$x^2-10x+25+24-25=0$$
$$(x-5)^2=1$$
$$x_1=6;\ x_2=4$$

b)
$$(x+5)(x-7)=45$$
$$x^2+5x-7x-35=45$$
$$x^2-2x+1-35-1=45$$
$$(x-1)^2=81$$
$$x_1=10;\ x_2=8$$

c)
$$(x+15)(x-10)=0$$
$$x^2+15x-10x-150=0$$
$$x^2+5x+6{,}25-150-6{,}25=0$$
$$(x+2{,}5)^2-156{,}25=0 \quad |+156{,}25$$
$$(x+2{,}5)^2=156{,}25 \quad |\sqrt{\ }$$
$$x+2{,}5=\pm 12{,}5 \quad |-2{,}5$$
$$x_1=10;\ x_2=-15$$

d)
$$(3x+5)^2=(2x+1)\cdot 4x+25$$
$$9x^2+30x+25=8x^2+4x+25$$
$$x^2+26x+169=0+169 \quad |-169$$
$$x^2+26x=0$$
$$x(x+26)=0$$
$$x_1=0$$
$$x_2=-26$$

Bei den Aufgaben a) – c) lassen sich die Nullstellen auch direkt ablesen, weil ein Produkt dann null wird, wenn einer der Faktoren null ist.
Beispiel a): $x-4=0 \Rightarrow x=4$ und $x-6=0 \Rightarrow x=6$.

7

a)
$$-\tfrac{2}{3}x^2+2=0 \quad |-2$$
$$-\tfrac{2}{3}x^2=-2 \quad |\cdot\left(-\tfrac{3}{2}\right)$$
$$x^2=3 \quad |\sqrt{\ }$$
$$x_1=+\sqrt{3}$$
$$x_2=-\sqrt{3}$$

b)
$$4x^2-15=2x^2+3 \quad |-2x^2+15$$
$$2x^2=18 \quad |:2$$
$$x^2=9 \quad |\sqrt{\ }$$
$$x_1=3$$
$$x_2=-3$$

c)
$$7x^2+3=5x^2+35 \quad |-5x^2-3$$
$$2x^2=32 \quad |:2$$
$$x^2=16 \quad |\sqrt{\ }$$
$$x_1=4$$
$$x_2=-4$$

d)
$$(x+2)(x-2)=12$$
$$x^2-4=12 \quad |+4$$
$$x^2=16 \quad |\sqrt{\ }$$
$$x_1=4$$
$$x_2=-4$$

e)
$$27=(x+3)(x-3)$$
$$x^2-9=27 \quad |+9$$
$$x^2=36 \quad |\sqrt{\ }$$
$$x_1=6$$
$$x_2=-6$$

f)
$$(5x+3)^2-(x-4)^2=2(2x+3)^2+14x$$
$$25x^2+30x+9-x^2+8x-16=8x^2+24x+18+14x$$
$$24x^2+38x-7=8x^2+38x+18 \quad |-8x^2-38x+7$$
$$16x^2=25 \quad |:16$$
$$x^2=\tfrac{25}{16} \quad |\sqrt{\ }$$
$$x_1=\tfrac{5}{4}$$
$$x_2=-\tfrac{5}{4}$$

3.4 Lösen mit der p-q Formel

1

a) $3x^2 - 12x + 24 = 0 \quad | :3$

$x^2 - 4x + 8 = 0$

b) $4x^2 + 24x - 4 = 36 \quad | - 36$

$4x^2 - 24x - 40 = 0 \quad | :4$

$x^2 + 3x - 10 = 0$

c) $21x^2 - 52{,}5x + 378 = 105x$

$21x^2 - 157{,}5x + 378 = 0 \quad | :21$

$x^2 - 7{,}5x + 18 = 0$

d) $15x^2 - 25x + 35 = 30x^2 + 65x - 25$

$0 = 15x^2 + 90x - 60 \quad | :15$

$0 = x^2 + 6x - 4$

2

a) $x^2 + 20x - 125 = 0$

$x_{1,2} = -\frac{20}{2} \pm \sqrt{10^2 + 125}$

$x_{1,2} = -10 \pm \sqrt{225} = -10 \pm 15$

$x_1 = 5$

$x_2 = -25$

b) $x^2 + 9x - 52 = 0$

$x_{1,2} = -4{,}5 \pm \sqrt{(4{,}5)^2 + 52}$

$x_{1,2} = -4{,}5 \pm \sqrt{72{,}25} = -4{,}5 \pm 8{,}5$

$x_1 = 4$

$x_2 = -13$

c) $x^2 + 21x + 20 = 0$

$x_{1,2} = -10{,}5 \pm \sqrt{(10{,}5)^2 - 20}$

$x_{1,2} = -10{,}5 \pm \sqrt{90{,}25} = -10{,}5 \pm 9{,}5$

$x_1 = -1$

$x_2 = -20$

d) $x^2 - 10{,}8x - 63 = 0$

$x_{1,2} = 5{,}4 \pm \sqrt{(5{,}4)^2 + 63}$

$x_{1,2} = 5{,}4 \pm \sqrt{92{,}16} = 5{,}4 \pm 9{,}6$

$x_1 = 15$

$x_2 = -4{,}2$

3

a) $5x^2 - 20x + 15 = 0$

$x^2 - 4x + 3 = 0$

$x_{1,2} = 2 \pm \sqrt{4 - 3} = 2 \pm \sqrt{1}$

$x_1 = 3$

$x_2 = 1$

b) $2x^2 - 28x + 80 = 0$

$x^2 - 14x + 40 = 0$

$x_{1,2} = 7 \pm \sqrt{49 - 40} = 7 \pm \sqrt{9}$

$x_1 = 10$

$x_2 = 4$

c) $\frac{1}{2}x^2 + 4x - 10 = 0$

$x^2 + 8x - 20 = 0$

$x_{1,2} = -4 \pm \sqrt{16 + 20} = -4 \pm \sqrt{36}$

$x_1 = 2$

$x_2 = -10$

d) $36 + 15x^2 - 51x = 0$

$x^2 - \frac{17}{5}x + \frac{12}{5} = 0$

$x_{1,2} = \frac{17}{10} \pm \sqrt{\left(\frac{17}{10}\right)^2 - \frac{12}{5}} = \frac{17}{10} \pm \sqrt{\frac{49}{100}}$

$x_1 = 1$

$x_2 = 2{,}4$

4

a) $\frac{4}{9}z^2 - 2z + \frac{5}{2} = 0$

$z^2 - \frac{9}{2}z + \frac{45}{8} = 0$

Es gibt keine Lösung, weil D < 0.

$z_{1,2} = \frac{9}{4} \pm \sqrt{\left(\frac{9}{4}\right)^2 - \frac{45}{8}} = \frac{9}{4} \pm \sqrt{\frac{81}{16} - \frac{90}{16}}$

$z_{1,2} = \frac{9}{4} \pm \sqrt{-\frac{9}{16}}$

b) $\frac{5}{6}a^2 - 4a + \frac{24}{5} = 0$

$a^2 - \frac{24}{5}a + \frac{144}{25} = 0$

Es gibt eine Lösung, weil D = 0.

$a_{1,2} = \frac{12}{5} \pm \sqrt{\left(\frac{12}{5}\right)^2 - \frac{144}{25}}$

$a_{1,2} = \frac{12}{5} \pm \sqrt{\frac{144}{25} - \frac{144}{25}}$

$a = \frac{12}{5} = 2{,}4$

c) $\frac{3}{2}y^2 - 12y + \frac{117}{8} = 0 \quad | \cdot \frac{2}{3}$

$y^2 - 8y + \frac{39}{4} = 0$

Es gibt zwei Lösungen, weil D > 0.

$y_{1,2} = 4 \pm \sqrt{16 - \frac{38}{4}} = 4 \pm \sqrt{\frac{25}{4}}$

$y_1 = 4 + \frac{5}{2} = 6{,}5$

$y_2 = 4 - \frac{5}{2} = 1{,}5$

d) $\frac{1}{3}x^2 + 3x + \frac{27}{4} = 0 \quad | \cdot 3$

$x^2 + 9x + \frac{81}{4} = 0$

Es gibt eine Lösung, weil D = 0.

$x_{1,2} = -\frac{9}{2} \pm \sqrt{\left(\frac{9}{2}\right)^2 - \frac{81}{4}}$

$x = -\frac{9}{2}$

5

a) $5x(2 - x) = -5(4x + 8) + 80$

$10x - 5x^2 = -20x - 40 + 80 \quad | + 5x^2 - 10x$

$0 = 5x^2 - 30x + 40 \quad | :5$

$0 = x^2 - 6x + 8$

$x_{1,2} = 3 \pm \sqrt{9 - 8} = 3 \pm \sqrt{1}$

$x_1 = 3 + 1 = 4$

$x_2 = 3 - 1 = 2$

$L = \{4; 2\}$

b) $2x(5 - x) = 4(6 - x)$

$10x - 2x^2 = 24 - 4x \quad | + 2x^2 - 10x$

$0 = 2x^2 - 14x + 24 \quad | :2$

$0 = x^2 - 7x + 12$

$x_{1,2} = 3{,}5 \pm \sqrt{(3{,}5)^2 - 6} = 3{,}5 \pm \sqrt{0{,}25}$

$x_1 = 3{,}5 + 0{,}5 = 4$

$x_2 = 3{,}5 - 0{,}5 = 3$

$L = \{4; 3\}$

c) $(2x + 3)(x - 4) = (3x - 8)(x - 3)$

$2x^2 + 3x - 8x - 12 = 3x^2 - 8x - 9x + 24$

$2x^2 - 5x - 12 = 3x^2 - 17x + 24$

$0 = x^2 - 12x + 36$

$x_{1,2} = 6 \pm \sqrt{36 - 36} = 6 \pm \sqrt{0}$

$x = 6$

$L = \{6\}$

d) $(8 - 5x)(3x + 4) = -x(4 + 11x)$

$24x - 15x^2 + 32 - 20x = -4x - 11x^2$

$4x - 15x^2 + 32 = -4x - 11x^2 \quad | +4x + 11x^2$

$8x - 4x^2 + 32 = 0 \quad | :(-4)$

$x^2 - 2x - 8 = 0$

$x_{1,2} = 1 \pm \sqrt{1 + 8} = 1 \pm \sqrt{9}$

$x_1 = 1 + 3 = 4$

$x_2 = 1 - 3 = -2$

$L = \{4; -2\}$

3.5 Bruchgleichungen

1

a) 1. Nenner: $(3 - x)$
2. Nenner: $4x$
$D = \mathbb{R} \setminus \{3; 0\}$

b) 1. Nenner: $(x + 7)$
2. Nenner: $(x + 3)$
$D = \mathbb{R} \setminus \{-7; -3\}$

c) 1. Nenner: $3x - 5$
2. Nenner: $x^2 - 9 = (x + 3)(x - 3)$
$D = \mathbb{R} \setminus \left\{\frac{5}{3}; +3; -3\right\}$

d) 1. Nenner: $x^2 - 6x + 9 = (x - 3)^2$
2. Nenner: $x - 3$
$D = \mathbb{R} \setminus \{3\}$

e) 1. Nenner: $x^2 - 16 = (x + 4)(x - 4)$
2. Nenner: $4x - 16 = 4(x - 4)$
3. Nenner: $6x^2$
$D = \{+4; -4; 0\}$

f) 1. Nenner: $x^2 - 12x + 36 = (x - 6)^2$
2. Nenner: $2x - 12 = 2(x - 6)$
3. Nenner: $8x + 48 = 8(x + 6)$
$D = \mathbb{R} \setminus \{+6; -6\}$

2

a) $\frac{1}{x} + \frac{3}{6x} = \frac{7}{6x - 12}$
$= 6(x - 2)$
HN: $6x(x - 2)$

b) $\frac{3x}{x + 1} - \frac{4x - 6}{4x} = \frac{5}{6x}$
HN: $12x(x + 1)$

c) $\frac{4}{x - 3} + \frac{x}{x + 3} = \frac{2x - 5}{5x - 15}$
$= 5(x - 3)$
HN: $5(x + 3)(x - 3)$

d) $\frac{1}{x - 5} + \frac{1}{x^2 - 25} = \frac{1}{2x - 10}$
$= (x + 5)(x - 5) = 2(x - 5)$
HN: $2(x + 5)(x - 5)$

e) $\frac{7}{2x - 5} = \frac{x}{2x + 5} - \frac{1}{4x^2 - 25}$
$= (2x + 5)(2x - 5)$
HN: $(2x + 5)(2x - 5)$

f) $\frac{3x}{x^2 + 2x + 1} + \frac{9}{2x + 2} = \frac{x}{x + 1}$
$= (x + 1)^2 \quad = 2(x + 1)$
HN: $2(x + 1)^2$

3

a) $\frac{8}{x - 3} - \frac{7}{x} = 1$

$D = \mathbb{R} \setminus \{3; 0\}$; HN: $x(x - 3)$

$$\frac{8x\cancel{(x - 3)}}{\cancel{(x - 3)}} - \frac{7\cancel{x}(x - 3)}{\cancel{x}} = 1 \cdot x(x - 3)$$
$$8x - 7(x - 3) = x^2 - 3x$$
$$8x - 7x + 21 = x^2 - 3x$$
$$x + 21 = x^2 - 3x \quad | -21 - x$$
$$0 = x^2 - 4x - 21$$
$$x_{1,2} = 2 \pm \sqrt{4 + 21} = 2 \pm \sqrt{25}$$
$$x_1 = 2 + 5 = 7$$
$$x_2 = 2 - 5 = -3$$
$L = \{7; -3\}$

b) $\frac{40}{x + 3} - \frac{6}{x - 3} = 2$

$D = \mathbb{R} \setminus \{3; -3\}$; HN: $(x + 3)(x - 3)$

$$\frac{40\cancel{(x + 3)}(x - 3)}{\cancel{(x + 3)}} - \frac{6(x + 3)\cancel{(x - 3)}}{\cancel{(x - 3)}} = 2(x + 3)(x - 3)$$
$$40(x - 3) - 6(x + 3) = 2(x^2 - 9)$$
$$40x - 120 - 6x - 18 = 2x^2 - 18$$
$$34x - 120 = 2x^2 \quad | -34x + 120$$
$$0 = 2x^2 - 34x + 120 \quad | :2$$
$$0 = x^2 - 17x + 60$$
$$x_{1,2} = 8{,}5 \pm \sqrt{72{,}25 - 60}$$
$$x_{1,2} = 8{,}5 \pm \sqrt{12{,}25}$$
$$x_1 = 8{,}5 + 3{,}5 = 12$$
$$x_2 = 8{,}5 - 3{,}5 = 5$$
$L = \{12; 5\}$

c) $\frac{2}{x+1} + \frac{3}{5-x} = 2$

D = ℝ \ {−1; 5}; HN: (x + 1)(5 − x)

$$\frac{2\cancel{(x+1)}(5-x)}{\cancel{(x+1)}} + \frac{3(x+1)\cancel{(5-x)}}{\cancel{(5-x)}} = 2(x+1)(5-x)$$

$$2(5-x) + 3(x+1) = 2(5x - x^2 + 5 - x)$$

$$10 - 2x + 3x + 3 = 10x - 2x^2 + 10 - 2x$$

$$13 + x = 8x - 2x^2 + 10 \quad | -13 - x$$

$$0 = -2x^2 + 7x - 3 \quad | :(-2)$$

$$0 = x^2 - \frac{7}{2}x + \frac{3}{2}$$

$$x_{1,2} = \frac{7}{4} \pm \sqrt{\left(\frac{7}{4}\right)^2 - \frac{3}{2}} = \frac{7}{4} \pm \sqrt{\frac{49}{16} - \frac{3\cdot 8}{2\cdot 8}} = \frac{7}{4} \pm \sqrt{\frac{25}{16}}$$

$$x_1 = \frac{7}{4} + \frac{5}{4} = \frac{12}{4} = 3$$

$$x_2 = \frac{7}{4} - \frac{5}{4} = \frac{2}{4} = \frac{1}{2} = 0{,}5$$

L = {3; 0,5}

d) $\frac{20}{3x-1} + \frac{6x-15}{2x-5} = 1$

D = ℝ \ $\left\{\frac{1}{3}; \frac{5}{2}\right\}$; HN: (3x − 1)(2x − 5)

$$\frac{20\cdot\cancel{(3x-1)}(2x-5)}{\cancel{(3x-1)}} + \frac{(6x-15)\cdot(3x-1)\cancel{(2x-5)}}{\cancel{(2x-5)}} = 1\cdot(3x-1)(2x-5)$$

$$20(2x-5) + (6x-15)(3x-1) = 6x^2 - 2x - 15x + 5$$

$$40x - 100 + 18x^2 - 45x - 11x + 15 = 6x^2 - 17x + 5$$

$$18x^2 - 11x - 85 = 6x^2 - 17x + 5 \quad | -6x^2 + 17x - 5$$

$$12x^2 + 6x - 90 = 0 \quad | :12$$

$$x^2 + \frac{1}{2}x - \frac{15}{2} = 0$$

$$x_{1,2} = -\frac{1}{4} \pm \sqrt{\frac{1}{16} + \frac{15\cdot 8}{2\cdot 8}} = -\frac{1}{4} + \sqrt{\frac{121}{16}}$$

$$x_1 = -\frac{1}{4} + \frac{11}{4} = \frac{10}{4} = \frac{5}{2}$$

$\frac{5}{2}$ ist keine Lösung, weil sie aus dem Definitionsbereich ausgeschlossen wurde.

$$x_2 = -\frac{1}{4} - \frac{11}{4} = -\frac{12}{4} = -3$$

L = {−3}

4

a) $\frac{2x}{21} - \frac{9}{x} = \frac{5}{x}$

D = ℝ \ {0}; HN: 21x

$\frac{2x \cdot \cancel{21}x}{\cancel{21}} - \frac{9 \cdot 21\cancel{x}}{\cancel{x}} = \frac{5 \cdot 21\cancel{x}}{\cancel{x}}$

$2x^2 - 189 = 105 \quad | +189$

$2x^2 = 294 \quad | :2$

$x^2 = 147 \quad | \sqrt{\ }$

$x_{1,2} \approx \pm 12{,}12$

L = {+12,12; −12,12}

b) $\frac{9}{x+1} - \frac{8}{x} = 1$

D = ℝ \ {0; −1}; HN: x (x + 1)

$\frac{9x\cancel{(x+1)}}{\cancel{(x+1)}} - \frac{8\cancel{x}(x+1)}{\cancel{x}} = 1x(x+1)$

$9x - 8x - 8 = x^2 + x$

$x - 8 = x^2 + x \quad | -x$

$-8 = x^2$

Es gibt keine Lösung, L = { }

c) $\frac{5x-7}{9} + \frac{14}{2x-3} = x - 1$ D = ℝ \ $\left\{\frac{3}{2}\right\}$; HN: 9 (2x − 3)

$\frac{\cancel{9} \cdot (5x-7) \cdot (2x-3)}{\cancel{9}} + \frac{14 \cdot 9 \cdot \cancel{(2x-3)}}{\cancel{(2x-3)}} = 9 \cdot (x-1)(2x-3)$

$10x^2 - 14x - 15x + 21 + 126 = 9\ (2x^2 - 2x - 3x + 3)$

$10x^2 - 29x + 147 = 18x^2 - 45x + 27 \quad | -10x^2 + 29x - 147$

$0 = 8x^2 - 16x - 120 \quad | :8$

$0 = x^2 - 2x - 15$

$x_{1,2} = 1 \pm \sqrt{1 + 15} = 1 \pm \sqrt{16}$

$x_1 = 1 + 4 = 5$

$x_2 = 1 - 4 = -3$

L = {5; −3}

d) $\frac{16-x}{4} - \frac{2(x-11)}{x-6} = \frac{x-4}{12}$ D = ℝ \ {6}; HN: 12 (x − 6)

$\frac{(16-x)(x-6) \cdot 12}{4} - \frac{2(x-11)(x-6) \cdot 12}{(x-6)} = \frac{(x-4)(x-6) \cdot 12}{12}$

$(16-x)(x-6) \cdot 3 - 24(x-11) = (x-4)(x-6)$

$(16x - x^2 - 96 + 6x) \cdot 3 - 24x + 264 = x^2 - 6x - 4x + 24$

$48x - 3x^3 - 288 + 18x - 24x + 264 = x^2 - 10x + 24$

$42x - 3x^2 - 24 = x^2 - 10x + 24 \quad | -42x + 3x^2 + 24$

$0 = 4x^2 - 52x + 48 \quad | :4$

$0 = x^2 - 13x + 12$

$x_{1,2} = 6{,}5 \pm \sqrt{42{,}25 - 12} = 6{,}5 \pm \sqrt{30{,}25} = 6{,}5 \pm 5{,}5$

$x_1 = 6{,}5 + 5{,}5 = 12$

$x_2 = 6{,}5 - 5{,}5 = 1$

L = {12; 1}

3.6 Anwendungsaufgaben

1

Gesuchte natürliche Zahl: x

Gleichung: $x^2 + x = 20$

Auflösung: $x^2 + x - 20 = 0$

$x_{1,2} = -0,5 \pm \sqrt{0,25 + 20} = -0,5 \pm \sqrt{20,25}$

$x_1 = -0,5 + 4,5 = 4$

$x_2 = -0,5 - 4,5 = -5$;keine Lösung, weil es keine natürliche Zahl ist.

Die gesuchte Zahl ist 4.

2

Erste natürliche Zahl: x; folgende natürliche Zahl: $x + 1$

Gleichung: $x(x + 1) = 306$

Lösung: $x^2 + x - 306 = 0$

$x_{1,2} = -0,5 \pm \sqrt{0,25 + 306} = 0,5 \pm \sqrt{306,25} = 0,5 \pm 17,5$

$x_1 = -0,5 + 17,5 = 17$

$x_2 = -0,5 - 17,5 = -18$ keine Lösung, weil keine natürliche Zahl.

Die gesuchten Zahlen sind 17 und 18.

3

Erster Faktor: x Zweiter Faktor $x - 14$

Gleichung: $72 = x(x - 14)$

Lösung: $0 = x^2 - 14x - 72$

$x_{1,2} = 7 \pm \sqrt{49 + 72} = 7 \pm \sqrt{121}$

$x_1 = 7 + 11 = 18$

$x_2 = 7 - 11 = -4$

Erste Lösung: Der gesuchte erste Faktor ist 18, der zweite $18 - 14 = 4$.

Zweite Lösung: Der erste Faktor ist -4; der zweite Faktor $-4 - 14 = -18$.

4

Erster Faktor: $50 - x$ Zweiter Faktor: $50 + x$

Gleichung: $(50 + x)(50 - x) = 2400$

Lösung: $2500 - x^2 = 2400$

$x^2 = 100$

$x_{1,2} = \pm 10$

Die gesuchten Zahlen heißen **40** und **60**.

5

Anzahl der Schüler:	Geld pro Schüler
x	$360 : x = \frac{360}{x}$
$x - 4$	$\frac{360}{x} + 1$

Gleichung: $\frac{360}{x} + 1 = \frac{360}{x-4}$ HN: $x(x - 4)$

$$\frac{360 \cdot \cancel{x}(x-4)}{\cancel{x}} + 1 \cdot x(x-4) = \frac{360 \cdot x\cancel{(x-4)}}{\cancel{(x-4)}}$$

$$360x - 1440 + x^2 - 4x = 360x$$

$$x^2 - 4x - 1440 = 0$$

$$x_{1,2} = 2 \pm \sqrt{4 + 1440} = 2 \pm \sqrt{1444} = 2 \pm 38$$

$$x_1 = 2 + 38 = 40$$

$x_2 = 2 - 38$; keine Lösung.

Es sind 40 Schüler in der Klasse.

6

Samtstoff in Meter	Preis pro Meter Stoff
x	$\frac{288}{x}$ €
$x + 3$	$\frac{288}{x} - 8 = \frac{288}{x+3}$

Gleichung: $\frac{288}{x} - 8 = \frac{288}{x+3}$ HN: $x(x + 3)$

$$288(x+3) - 8x(x+3) = 288x$$

$$288x + 864 - 8x^2 - 24x = 288x \quad | - 288x$$

$$-8x^2 - 24x + 864 = 0 \quad | :(-8)$$

$$x^2 + 3x - 108 = 0$$

$$x_{1,2} = -1{,}5 \pm \sqrt{2{,}25 + 108} = -1{,}5 \pm \sqrt{110{,}25}$$

$x_1 = -1{,}5 + 10{,}5 = 9$; $[x_2 = -1{,}5 - 10{,}5 = -12]$; keine Lösung.

Er hatte ursprünglich 9 Meter bestellt.

7

Länge des Bildes: x Breite des Bildes: $195 : x = \frac{195}{x}$

Gleichung:

$$2x + 2 \cdot \frac{195}{x} = 56 \quad | \cdot x$$

$$2x^2 + 390 = 56x \quad | - 56x$$

$$2x^2 - 56x + 390 = 0 \quad | :2$$

$$x^2 - 28x + 195 = 0$$

$$x_{1,2} = 14 \pm \sqrt{196 - 195} = 14 \pm 1$$

$x_1 = 14 + 1 = 15$ und $x_2 = 14 - 1 = 13$

Die Seitenlängen des Rahmens sind 15 cm und 13 cm.

8

	Gesamtzeit	Fließleistung pro Minute
Beide Hähne	9	1:9
Kaltwasserhahn	x	1:x
Warmwasserhahn	x + 7,5	1:(x + 7,5)

Gleichung: $\frac{1}{x} + \frac{1}{(x+7{,}5)} = \frac{1}{9}$; HN: $9x(x + 7{,}5)$

$$\frac{1 \cdot 9x(x+7{,}5)}{x} + \frac{1 \cdot 9x(x+7{,}5)}{x+7{,}5} = \frac{1 \cdot 9x(x+7{,}5)}{9}$$

$9x + 67{,}5 + 9x = x^2 + 7{,}5x \quad | -18x - 67{,}5$

$0 = x^2 - 10{,}5x - 67{,}5$

$x_{1,2} = 5{,}25 \pm \sqrt{(5{,}25)^2 + 67{,}5} = 5{,}25 \pm \sqrt{95{,}0624} = 5{,}25 \pm 9{,}75$

$x_1 = 15$

$[x_2 = -4{,}5]$ keine Lösung

Mit dem Kaltwasserhahn könnte man die Wanne in 15 Minuten und mit dem Warmwasserhahn in 15 + 7,5 = 22,5 Minuten füllen.

Test

1

a) $x^2 - 64 = 0 \quad | 64$

$x^2 = 64 \quad | \sqrt{\ }$

$x_{1,2} = \pm 8$

b) $(x + 3)(x - 3) = 40$

$x^2 - 9 = 40 \quad | +9$

$x^2 = 49 \quad | \sqrt{\ }$

$x_{1,2} = \pm 7$

c) $(x - 5)(2x + 10) = 0$

$2x^2 - 10x + 10x - 50 = 0$

$2x^2 - 50 = 0 \quad | +50 \; | :2$

$x^2 = 25 \quad | \sqrt{\ }$

$x_{1,2} = \pm 5$

2

a) $x^2 - 2x = 120$

$x^2 - 2x + 1 = 120 + 1$

$(x - 1)^2 = 121 \quad | \sqrt{\ }$

$x - 1 = \pm 11 \quad | +1$

$x = 1 \pm 11$

$x_1 = 12; x_2 = -10$

b) $x^2 + 7x = 78$

$x^2 + 7x + 12{,}25 = 78 + 12{,}25$

$(x + 3{,}5)^2 = 90{,}25 \quad | \sqrt{\ }$

$x + 3{,}5 = \pm 9{,}5 \quad | -3{,}5$

$x_1 = 6; x_2 = -13$

c) $(x - 4)(x - 6) = 35$

$x^2 - 4x - 6x + 24 = 35$

$(x^2 - 10x + 25) + 24 - 25 = 35 \quad | +1$

$(x - 5)^2 = 36 \quad | \sqrt{\ }$

$x - 5 = \pm 6 \quad | +5$

$x_1 = 11; x_2 = -1$

3

a) $x^2 + 10x + 24 = 0$

$x_{1,2} = -5 \pm \sqrt{25 - 24} = -5 \pm 1$

$x_1 = -4$

$x_2 = -6$

b) $4x^2 - 8x + 3 = 0 \quad | :4$

$x^2 - 2x + \frac{3}{4} = 0$

$x_{1,2} = 1 \pm \sqrt{1 - \frac{3}{4}} = 1 \pm \sqrt{\frac{1}{4}} = 1 \pm \frac{1}{2}$

$x_1 = 1{,}5$

$x_2 = 0{,}5$

c) $x^2 + \frac{2}{3}x + \frac{1}{9} = 0$

$x_{1,2} = -\frac{1}{3} \pm \sqrt{\frac{1}{9} - \frac{1}{9}} = -\frac{1}{3} \pm \sqrt{0} = -\frac{1}{3}$

d) $x^2 - 11x + 38 = 0$

$x_{1,2} = 5{,}5 \pm \sqrt{30{,}25 - 38} = 5{,}5 \pm \sqrt{-7{,}75}$

Es gibt keine Lösung.

4

a) $\frac{3}{x-2} = x \quad | \cdot (x-2)$

$D = \mathbb{R} \setminus \{2\}$

$3 = x(x-2)$

$0 = x^2 - 2x - 3$

$x_{1,2} = 1 \pm \sqrt{1+3} = 1 \pm \sqrt{4} = 1 \pm 2$

$x_1 = 1 + 2 = 3$

$x_2 = 1 - 2 = -1$

$L = \{3; -1\}$

b) $\frac{x^2 - 2x}{3x} + 1 = \frac{2}{x} \quad | \cdot 3x$

$D = \mathbb{R} \setminus \{0\}$

$x^2 - 2x + 3x = 6$

$x^2 + x - 6 = 0$

$x_{1,2} = -0{,}5 \pm \sqrt{0{,}25 + 6} = -0{,}5 \pm \sqrt{6{,}25}$

$x_1 = -0{,}5 + 2{,}5 = 2$

$x_2 = -0{,}5 - 2{,}5 = -3$

$L = \{2; -3\}$

c) $\frac{2x-1}{x+1} = \frac{3x+1}{2x+2} \quad | \cdot \text{HN: } 2(x+1)$

$D = \mathbb{R} \setminus \{-1\}$

$2(2x-1) = 3x + 1$

$4x - 2 = 3x + 1 \quad | +2 - 3x$

$x = 3$

$L = \{3\}$

d) $\frac{3x-5}{2x-2} + \frac{2x-2}{3x-5} = \frac{5}{2} \quad | \text{ HN: } 2(x-1)(3x-5)$

$D = \mathbb{R} \setminus \left\{1; \frac{5}{3}\right\}$

$(3x-5)^2 + (2x-2)^2 = \frac{5}{2}(3x-5)(2x-2)$

$9x^2 - 30x + 25 + 4x^2 - 8x + 4 = \frac{5}{2}(6x^2 - 10x - 6x + 10)$

$13x^2 - 38x + 29 = 15x^2 - 40x + 25$

$0 = 2x^2 - 2x - 4 \quad | :2$

$0 = x^2 - x - 2$

$x_{1,2} = 0{,}5 \pm \sqrt{0{,}25 + 2} = 0{,}5 \pm \sqrt{2{,}25}$

$x_1 = 0{,}5 + 1{,}5 = 2$

$x_2 = 0{,}5 - 1{,}5 = -1$

$L = \{2; -1\}$

5

Anzahl der Zitronen	Preis pro Stück
x	$\frac{4}{x}$
x + 4	$\frac{4}{x} - \frac{5}{100}$

5 Cent = $\frac{5}{100}$ €uro !
(oder 0,05 €)

Gleichung: $\left(\frac{4}{x} - \frac{5}{100}\right) \cdot (x + 4) = 4 \Rightarrow \left(\frac{4}{x} - \frac{5}{100}\right) \cdot x + \left(\frac{4}{x} - \frac{5}{100}\right) \cdot 4 = 4$

$\Rightarrow 4 - \frac{5x}{100} + \frac{16}{x} - \frac{20}{100} = 4 \quad | \cdot 100x \Rightarrow 400x - 5x^2 + 1600 - 20x = 400x \quad | - 400x$

$\Rightarrow -5x^2 - 20x + 1600 = 0 \quad | :(-5) \Rightarrow x^2 + 4x - 320 = 0$

$x_{1,2} = -2 \pm \sqrt{4 + 320} = -2 \pm \sqrt{324} = -2 \pm 18$

$x_1 = -2 + 18 = 16$; ($x_2 = -2 - 18 = -20$; eine Lösung!)

Sie bekommt 16 + 4 = 20 Zitronen.

4 Ähnlichkeit

4.1 Vergrößern und verkleinern

1

Das Seitenverhältnis der gelben Figur ist $\frac{2}{2} = 1$; also ein Quadrat.

Daraus hervorgegangen sind E mit $\frac{1}{1}$ und F mit $\frac{3}{3}$.

Das Seitenverhältnis der blauen Fläche ist $\frac{4}{2} = 2$ $\left(\text{oder } \frac{2}{4} = \frac{1}{2}\right)$. Dazu gehören D mit $\frac{8}{4} = 2$ und G mit $\frac{6}{3} = 2$.

2

a) Die Strecke AB = 2 cm wird zu A'B' = 1 cm verkleinert $\left(\mathbf{k = \frac{1}{2}}\right)$. Entsprechend musst du alle Strecken verkürzen.

b) Vorsicht! Beachte, dass die Strecke AD = 1 cm zu A'D' = 1,5 cm wird und um 90° gedreht ist. **k = 1,5** $\left(= \frac{3}{2}\right)$

c) Die Strecke AC = 5 cm wird zu A'C' = 2,5 cm, also ist $\mathbf{k = \frac{1}{2}}$.

3

a) Die 1 cm lange Strecke wird 1,5 cm und die 2 cm lange Originalstrecke wird im Bild 3 cm lang.

b) Die 1 cm lange Strecke wird 2 cm und die 2 cm lange Originalstrecke wird im Bild 4 cm lang.

c) Der 2 cm lange Radius wird im Bild nur 1 cm lang.

4

In deiner Lösung müssen $\overline{AC} = 10{,}6$ cm und $\overline{BC} = 19{,}2$ cm lang sein.

5

Individuelle Lösung

4.2 Ähnliche Figuren

1

Nimm gegebenenfalls das Geodreieck zu Hilfe.

Zueinander ähnliche Figuren sind: a) und f); c) und h); e) und i).

2

a) ja b) nein c) ja d) nein e) nein

3

Berechnung von k: $k = \frac{\overline{C'D'}}{\overline{CD}} = \frac{4,6}{2,3} = 2$

Zeichne die Parallelen zu $\overline{AD}$ durch D′ und zu $\overline{BC}$ durch C′.
Miss $\overline{BC}$ und berechne $\overline{B'C'} = k \cdot \overline{BC} = 2 \cdot 4,5 = 9$ LE. Damit erhältst du B′. Zeichne die Parallele zu $\overline{AB}$ durch B′.
In dem vergrößerten Viereck sollten die Ecken A′ (−4 | −7) und B′ (9 | −1) als Koordinaten haben.

4.3 Strahlensätze

1

a) $\overline{SA} = \frac{\overline{SA'} \cdot \overline{SB}}{\overline{SB'}}$

$\overline{SA'} = \frac{\overline{SA} \cdot \overline{SB'}}{\overline{SB}}$

$\overline{SB} = \frac{\overline{SB'} \cdot \overline{SA}}{\overline{SA'}}$

$\overline{SB'} = \frac{\overline{SB} \cdot \overline{SA'}}{\overline{SA}}$

b) $\overline{SA} = \frac{\overline{SA'} \cdot \overline{AB}}{\overline{A'B'}}$

$\overline{SA'} = \frac{\overline{SA} \cdot \overline{A'B'}}{\overline{AB}}$

$\overline{AB} = \frac{\overline{A'B'} \cdot \overline{SA}}{\overline{SA'}}$

$\overline{A'B'} = \frac{\overline{AB} \cdot \overline{SA'}}{\overline{SA}}$

Der zweite Strahlensatz ist auch mit den Abschnitten auf dem anderen Strahl möglich: statt $\overline{SA}$ also $\overline{SB}$ und statt $\overline{SA'}$ also $\overline{SB'}$.

2

Es ist immer günstig, die gesuchte Strecke in der Verhältnisgleichung links oben anzugeben. Die Gleichung lässt sich dadurch leichter umformen.

a) $\frac{\overline{SB'}}{8} = \frac{4}{5} \Rightarrow \overline{SB'} = 6,4\,\text{cm}$

b) $\frac{\overline{A'B'}}{5} = \frac{12}{8} \Rightarrow \overline{A'B'} = 7,5\,\text{cm}$

3

a) $\frac{x}{9} = \frac{10}{12} \Rightarrow$ **x = 7,5 cm**

b) $\frac{x}{4} = \frac{9}{6} \Rightarrow$ **x = 6 cm**

4

a) $\frac{x}{10} = \frac{20}{20} \Rightarrow$ **x = 10 cm**

b) $\frac{x + 4,5}{8} = \frac{4,5}{6} \Rightarrow$ **x = 1,5 cm**

c) $\frac{x}{2} = \frac{8}{5} \Rightarrow$ **x = 3,2 cm**

d) $\frac{x + 4}{9} = \frac{4}{7,5} \Rightarrow$ **x = 0,8 cm**

5

a) $\frac{x}{12} = \frac{9}{18} \Rightarrow$ **x = 6 cm**

b) $\frac{x}{5} = \frac{11,25}{9} \Rightarrow$ **x = 6,25 cm**

6

$\frac{x}{4} = \frac{x+3}{6}$

$6 \cdot x = 4 \cdot x + 12 \Rightarrow x = 6\,\text{cm}$

$\frac{(x+3+y)}{9} = \frac{x}{4}$ setze für x = 6 ein: $\Rightarrow \frac{9+y}{9} = \frac{6}{4} \Leftrightarrow 4 \cdot (9 + y) = 9 \cdot 6 \Rightarrow y = 4{,}5\,\text{cm}$

4.4 Anwendungsaufgaben

1

$\frac{x}{33} = \frac{1{,}8}{2{,}4} \Rightarrow x = 24{,}75\,\text{m}$

2

$\frac{x+1000}{525} = \frac{1000}{350} \Rightarrow x = 500\,\text{m}$

3

$\frac{x}{200} = \frac{2}{2{,}5} \Rightarrow x = 160\,\text{m}$

4

$\frac{x}{108} = \frac{12}{60} \Rightarrow x = 21{,}6\,\text{m}$

Test

1

a) $k = \frac{7}{10{,}5} \Rightarrow k = \frac{2}{3}$. Gib die Lösung als Bruchzahl an.

b) $k = \frac{9{,}2}{4{,}6} \Rightarrow k = 2$

2

$\frac{x}{18} = \frac{1{,}5}{7{,}5} \Rightarrow x = 3{,}6$. Die Länge der fehlenden Seite beträgt 3,6 m.

3

Nein, es gibt verschiedene Formen z. B.
Begründung: Die Längen der jeweiligen Diagonalen stehen nicht im gleichen Verhältnis und damit kann die eine Raute nicht durch Streckung aus der anderen Raute hervorgegangen sein.

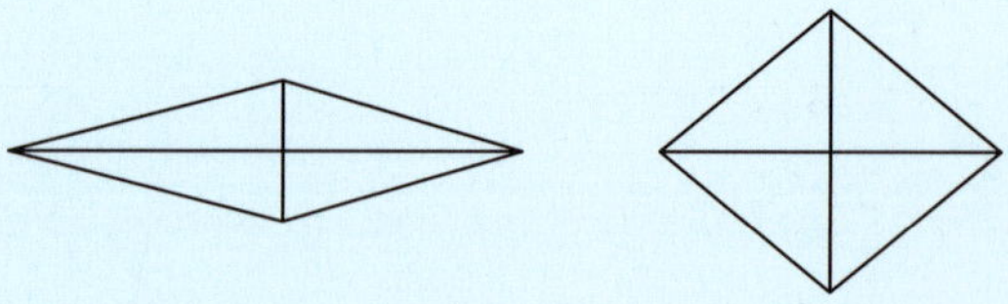

4

a) $\frac{x}{12} = \frac{6}{8} \Rightarrow x = 9$

b) $\frac{x}{10{,}5} = \frac{7{,}5}{18} \Rightarrow x = 4{,}375$

c) $\frac{x+5}{12} = \frac{5}{7{,}5} \Rightarrow x = 3$

d) $\frac{x}{6} = \frac{5{,}4}{8} \Rightarrow x = 4{,}05$

5

$\frac{x}{132} = \frac{24}{99} \Rightarrow x = 32$. Der Fluss ist 32 m breit.

5 Die Satzgruppe des Pythagoras

5.1 Satz des Pythagoras

Alle Lösungen in diesem Kapitel, die durch Wurzelziehen entstanden, sind auf eine Stelle nach dem Komma gerundet.

1

a) $a^2 = b^2 + c^2$
b) $b^2 = a^2 + c^2$
c) $x^2 = w^2 + v^2$

2

Im großen Dreieck ABC: $c^2 = a^2 + b^2$
Im Teildreieck ADC: $b^2 = q^2 + h^2$
Im Teildreieck BCD: $a^2 = h^2 + p^2$

3

a) $x^2 = 4{,}8^2 + 7{,}3^2$
$x^2 = 76{,}33 \quad |\sqrt{\ }$
$x^2 \approx 8{,}7\,\text{cm}$

b) $11{,}2^2 = x^2 + 5^2$
$x^2 = 11{,}2^2 - 5^2 \quad |\sqrt{\ }$
$x \approx 10\,\text{cm}$

c) $9{,}1^2 = x^2 + 6{,}7^2$
$x^2 = 9{,}1^2 - 6{,}7^2 \quad |\sqrt{\ }$
$x \approx 6{,}2\,\text{cm}$

Vergiss nicht, zum Schluss die Wurzel zu ziehen!

4

$6{,}5^2 = 5^2 + q^2$
$q \approx 4{,}2\,\text{cm}$
$\Rightarrow p = c - q$
$p = 5{,}8\,\text{cm}$

$a^2 = 5{,}8^2 + 5^2$
$a \approx 7{,}7\,\text{cm}$

5

a) Berechnung der fehlenden Seite des Rechtecks:
$36 = 8 \cdot b \quad |:8$
$b = 4{,}5\,\text{cm}$
Berechnung der Seite x:
$8^2 = x^2 + x^2$
$64 = 2x^2 \quad |:2$
$32 = x^2$
$x \approx 5{,}7\,\text{cm}$

b) Berechnung des Umfangs der Figur:
$U = 4{,}5 + 8 + 4{,}5 + 2 \cdot 5{,}7 = 28{,}4\,\text{cm}$

6

$x^2 = \left(\frac{1}{2}e\right)^2 + \left(\frac{1}{2}f\right)^2 = 4^2 + 6{,}1^2 = 53{,}21 \quad \Rightarrow x \approx 7{,}3\,\text{cm}$

5.2 Berechnungen an ebenen Figuren

1

a) Ber. v. y: $8^2 = y^2 + 5^2$

$y = 6{,}2\,\text{cm}$

$x^2 + x^2 = 6{,}2^2$

$2x^2 = 6{,}2^2$

$x \approx 4{,}4\,\text{cm}$

b) $5^2 + 2^2 = x_1^2$ $\quad x_1 \approx 5{,}4\,\text{cm}$

$5{,}4^2 + 2^2 = x_2^2$ $\quad x_2 \approx 5{,}8\,\text{cm}$

$5{,}8^2 + 2^2 = x_3^2$ $\quad x_3 \approx 6{,}1\,\text{cm}$

$6{,}1^2 + 2^2 = x_4^2$ $\quad x_4 \approx 6{,}4\,\text{cm}$

2

$8^2 + 4^2 = x^2$

$x \approx 8{,}9\,\text{cm}$

$8^2 + 12^2 = y^2$

$y \approx 14{,}4\,\text{cm}$

3

a) $5^2 + 8^2 = a^2$

$a \approx 9{,}4\,\text{cm}$

$U = 2 \cdot 5 + 9{,}4 + 5 + 8$

$U = 32{,}4\,\text{cm}$

$A = 5 \cdot 9{,}4 + \frac{5 \cdot 8}{2}$

$A = 67\,\text{cm}^2$

b) Verschiebe die Höhe.

$7{,}5^2 = h^2 + 4^2$

$h \approx 6{,}3\,\text{cm}$

$U = 6{,}3 + 6 + 10 + 7{,}5$

$U = 29{,}8\,\text{cm}$

$A = \frac{10 + 6}{2} \cdot 6{,}3$

$A \approx 50{,}4\,\text{cm}^2$

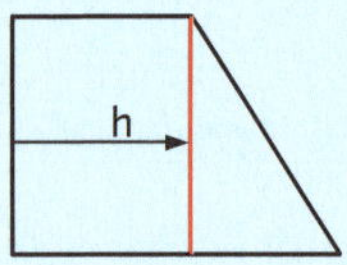

4

Gleichschenklig-rechtwinkliges Dreieck:

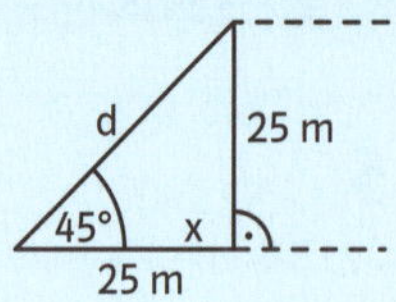

Ber. v. d = b: $d^2 = 25^2 + 25^2$

$d \approx 35{,}4\,\text{m}$

Ber. v. c: $c = 97 - 2 \cdot 25$

$c = 47\,\text{m}$

Ber. v. U: $U = 97 + 2 \cdot 35{,}4 + 47$

$U = 214{,}80\,\text{m}$

Ber. v. A: $A = \frac{97 + 47}{2} \cdot 25$

$A = 1800\,\text{m}^2$

5

Ber. v. x:

$x = \frac{10 - 3}{2}$

$x = 3{,}5\,\text{cm}$

Ber. v. h:

$4^2 = h^2 + 3{,}5^2$

$h^2 = 4^2 + 3{,}5^2$

$h \approx 1{,}9\,\text{cm}$

Die Gesamthöhe beträgt 3,8 cm.

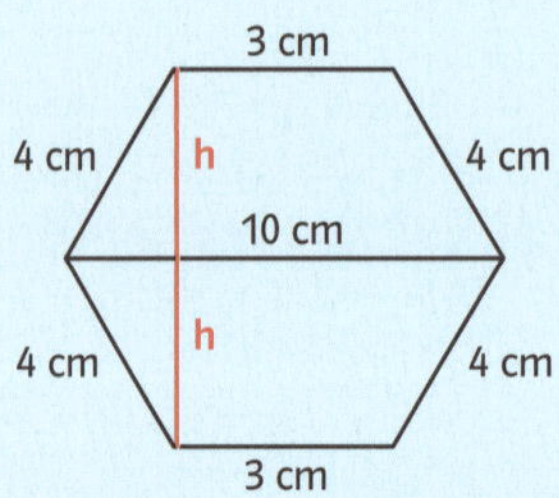

6

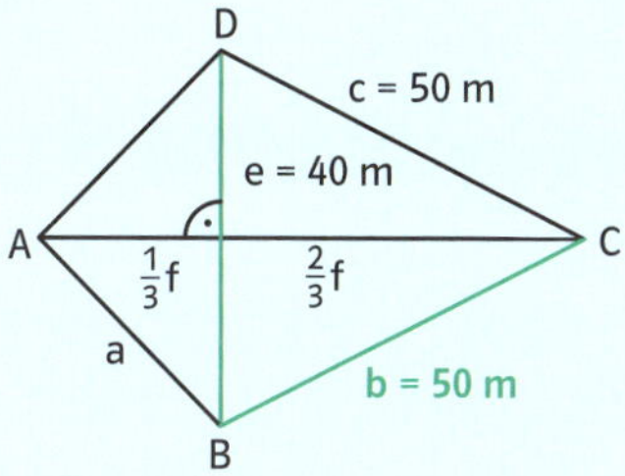

Ber. v. f: $50^2 = 20^2 + \left(\frac{2}{3}f\right)^2$

$\left(\frac{2}{3}f\right)^2 = 50^2 - 20^2$

$\frac{2}{3}f \approx 45{,}8\,\text{cm} \Rightarrow \frac{1}{3}f = 22{,}9\,\text{cm}$

$f = 68{,}7\,\text{cm}$

Ber. v. $\overline{AD}$: $22{,}9^2 + 20^2 = \overline{AD}^2$

$\overline{AD} \approx 30{,}4\,\text{cm}$

Ber. v. U: $U = 2 \cdot 30{,}4 + 2 \cdot 50$

$U = 160{,}8\,\text{cm}$

5.3 Berechnungen an Körpern

1

1. Ber. der Flächendiagonale:
   $8^2 + 20^2 = d^2$
   $d \approx 21{,}5\,\text{cm}$

2. Ber. der Raumdiagonalen:
   $d_R^2 = d^2 + c^2 \quad (= a^2 + b^2 + c^2)$
   $d_R \approx 23\,\text{cm}$

2

1. Ber. v. h_s:
   $11^2 = 4{,}75^2 + h_s^2$
   $h_s \approx 9{,}9\,\text{cm}$
   $A_\Delta = \frac{9{,}5 \cdot 8{,}7}{2} = 41{,}3\,\text{cm}^2$

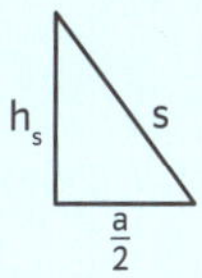

1. Ber. v. h_Δ:
   $9{,}9^2 = 4{,}75^2 + h_\Delta^2$
   $h_\Delta \approx 8{,}7\,\text{cm}$

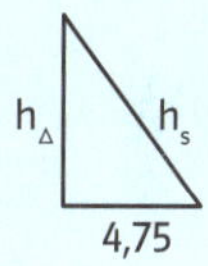

3

Ber. v. x:
$x^2 = 4^2 + 4^2$
$x \approx 5{,}7\,\text{cm}$

Ber. v. y:
$y^2 = 4^2 + 6^2$
$y \approx 7{,}2\,\text{cm}$

Ber. v. h_Δ:
$7{,}2^2 = h_\Delta^2 + 2{,}85^2$
$h_\Delta \approx 6{,}6\,\text{cm}$

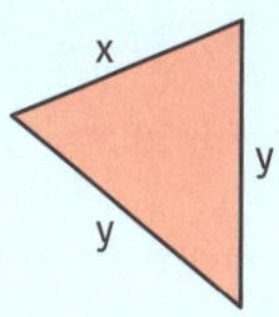

Ber. v. A:
$A = \frac{5{,}7 \cdot 6{,}6}{2} = 18{,}8\,\text{cm}^2$

4

1. Ber. v. d:
$d^2 = a^2 + a^2 = 2a^2$
$d^2 = 2 \cdot 12^2$
$d \approx 17\,\text{cm}$

2. Ber. v. s:
$s^2 = h^2 + \frac{d^2}{2}$
$s = 8{,}5^2 + 18^2$
$s \approx 19{,}9\,\text{cm}$

3. Ber. v. U:
$U = d + 2 \cdot s$
$U = 17 + 2 \cdot 19{,}9$
$U \approx 56{,}8\,\text{cm}$

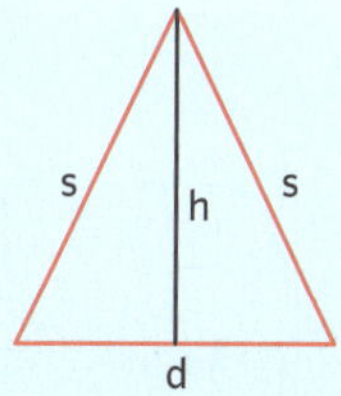

5

1. Ber. v. $\frac{d}{2}$:

$\left(\frac{d}{2}\right)^2 = (2a)^2 + \left(\frac{a}{2}\right)^2$

(für a = 4): $\frac{d}{2} \approx 8{,}25\,\text{cm}$

2. Ber. v. h_p:

$h_p^2 = (3a)^2 - \left(\frac{d}{2}\right)^2$

(für a = 4):

$h_p^2 = 12^2 - 8{,}25^2$

$h_p \approx 8{,}7\,\text{cm}$

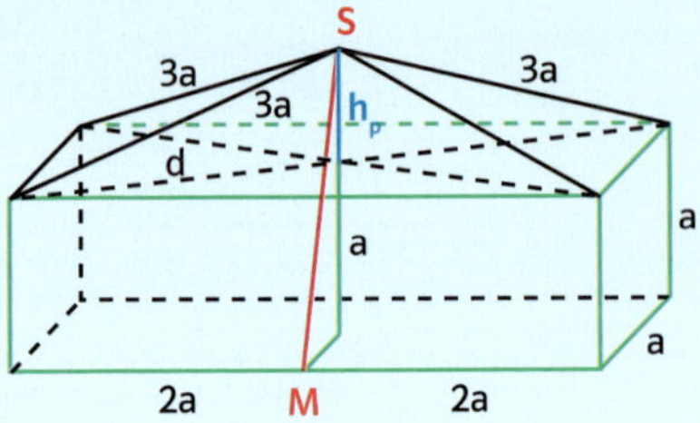

3. Ber. v. h_{ges}:

$h_{ges} = a + h_p$

(für a = 4):

$h_{ges} = 4 + 8{,}7 = 12{,}7\,\text{cm}$

$\overline{MS}^2 = h_{ges}^2 + \left(\frac{a}{2}\right)^2 = (12{,}7)^2 + 2^2 \Rightarrow \overline{MS} \approx 12{,}85 \approx 12{,}9\,\text{cm}$

5.4 Rechnen mit Formvariabeln

1

$(8e)^2 - (2e)^2 = x^2$

$64e^2 - 4e^2 = x^2$

$60e^2 = x^2 \quad |\sqrt{\ }$

$x = \sqrt{4 \cdot 15e^2} = 2e\sqrt{15}$

2

$(4e)^2 + \left(\frac{6}{2}e\right)^2 = x^2$

$16e^2 + 9e^2 = x^2$

$x = 5e$

$U = 6e + 5e + 5e = 16e$

3

1. Ber. v. x:

$x^2 = (6e)^2 + (6e)^2$

$x^2 = 72e^2 \quad |\sqrt{\ }$

$x = \sqrt{36 \cdot 2e^2}$

$x = 6e\sqrt{2}$

2. Ber. v. U:

$U = 6e\sqrt{2} + 9e + 6e + 3e$

$U = 18e + 6e\sqrt{2}$

$U = 6e(3 + \sqrt{2})$

3. Ber .v. A:

$A = \frac{9e + 3e}{2} \cdot 6e = 36e^2$

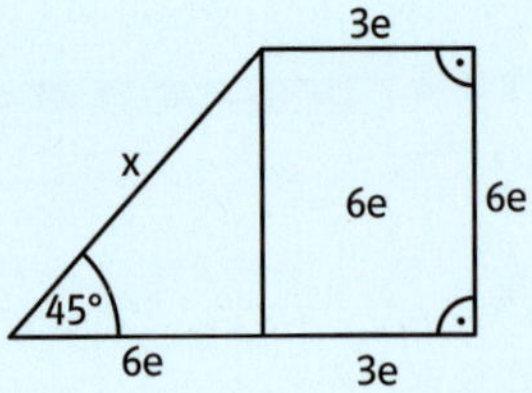

4

Teildreieck = halbes gleichseitiges Dreieck

$\Rightarrow x = 2e$ und $\Rightarrow h = 2e\sqrt{3}$

Ber. v. a:

$a = c + 2 \cdot 2e = 7e$

Ber. v. U:

$U = 7e + 2 \cdot 4e + 3e = 18e$

Ber. v. A:

$A = \frac{7e + 3e}{2} \cdot 2e\sqrt{3} = 10e^2\sqrt{3}$

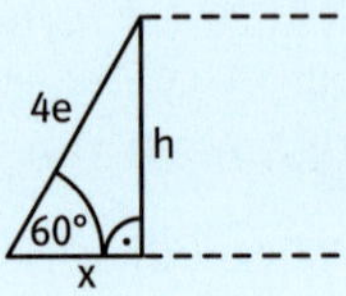

5

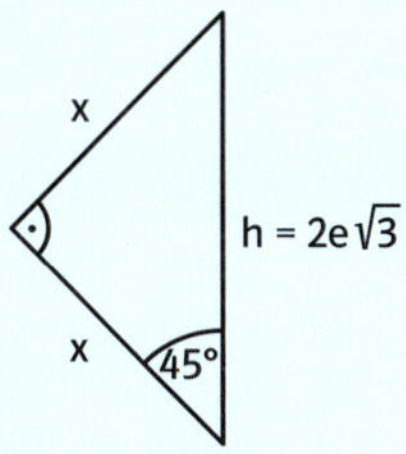

Das rechte Teildreieck ist ein halbes gleichseitiges Dreieck.
⇒ Die Hypotenuse ist 4e.
⇒ Die Höhe ist $\frac{4e}{2}\sqrt{3} = 2e\sqrt{3}$

Das linke Dreieck ist ein gleichschenklig-rechtwinkliges Dreieck.
$h^2 = x^2 + x^2 = 2x^2$
$12e^2 = 2x^2$
$x^2 = 6e^2$
$x = e\sqrt{6}$

Ber. v. U:
$U = 2e + 4e + 2 \cdot e \cdot \sqrt{6}$
$U = 6e + 2e\sqrt{6}$
$U = 2e(3 + \sqrt{6})$

Ber. v. A_{ges}:
$A = \frac{2e \cdot 2e\sqrt{3}}{2} + \frac{e\sqrt{6} \cdot e\sqrt{6}}{2}$
$A = 2e^2\sqrt{3} + 3e^2$

5.5 Anwendungsaufgaben

1

$4^2 = 0{,}75^2 + h^2$
$h \approx 3{,}93\,m$
Die Leiter reicht 3,93 m hinauf.

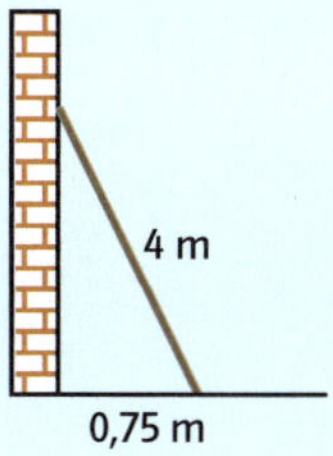

2

1. Weg AEG = $d_1 + c$:
$d_1^2 = 50^2 + 20^2$
$d_1 \approx 53{,}9\,cm$
AEG = 53,9 + 30
AEG = 83,9 cm (blau)

2. Weg AFG = $d_2 + b$:
$d_2^2 = 50^2 + 30^2$
$d_2 \approx 58{,}3\,cm$
AFG = 58,3 + 20
AFG = 78,3 cm (rot)

3. Weg AMG = x + y:
$x^2 = 50^2 + 15^2$
$x \approx 52{,}2\,cm$
$y^2 = 20^2 + 15^2$
y = 25 cm
AMG = 77,2 cm (grün)

Der kürzeste Weg ist Weg 3 AMG mit 77,2 cm.

3

$r = 6\,cm \Rightarrow d = 12\,cm$

Ber. v. a:

$12^2 = a^2 + a^2$

$144 = 2a^2 \quad | :2$

$a^2 = 72 \quad | \sqrt{\ }$

$a \approx 8{,}5\,cm$

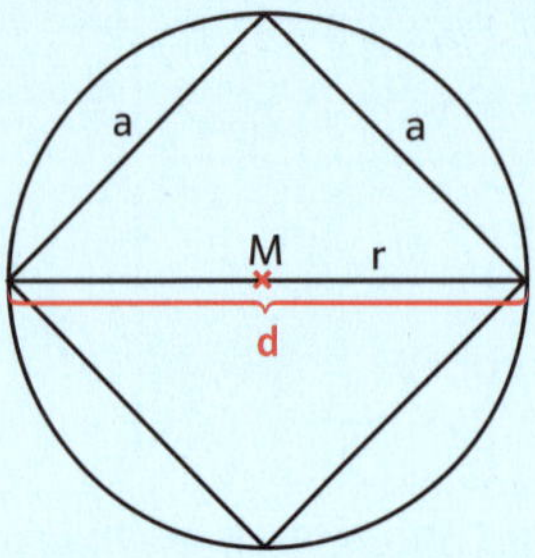

4

Ber. v. a:

$U = 168\,cm \quad | :4 \Rightarrow a = 42\,cm$

Ber. v. h:

$42^2 = 17{,}5^2 + h^2$

$h \approx 38{,}2\,cm$

$h_{ges} = 76{,}4\,cm$

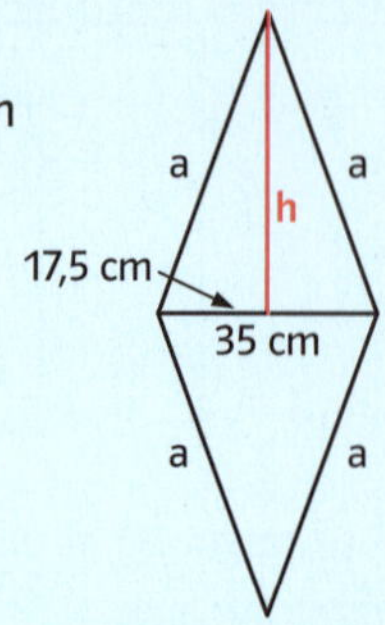

5

Ber. v. h:

$h^2 = 4^2 - 1{,}25^2$

$h \approx 3{,}80\,m$

Ber. v. A:

$A = 4 \cdot \frac{2{,}5 \cdot 3{,}8}{2}$

$A = 19\,m^2$

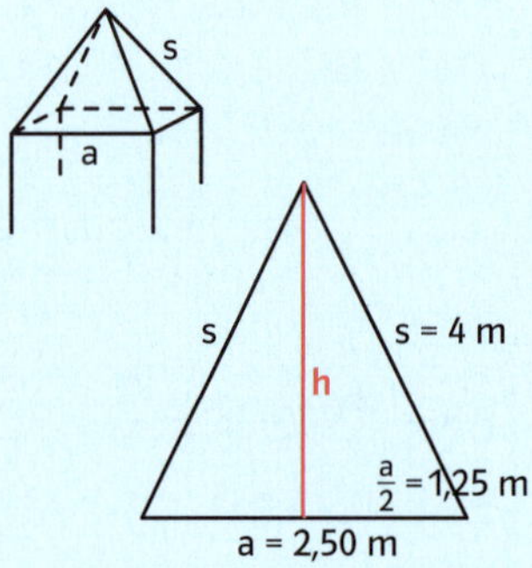

6

$x^2 = 100^2 + 12^2 \Rightarrow$ **$x \approx 100{,}7$**

Der Straßenabschnitt ist 100,7 m lang.

7

$x = \frac{6-3}{2} = 1{,}5\,m$

$h^2 = 3^2 - 1{,}5^2$

$h \approx 2{,}6\,m$

Der Graben ist 2,60 m tief.

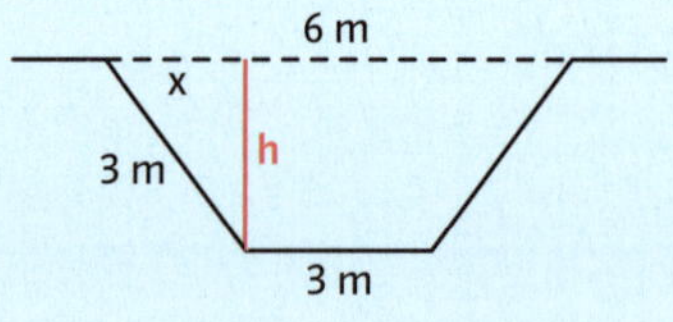

Test

1

1. Ber. v. h:

$h^2 = b^2 - p^2$

$h^2 = 4^2 - 2{,}3^2$

$h \approx 3{,}3\,cm$

2. Ber. v. q:

$q^2 = a^2 - h^2q^2$

$q^2 = 5{,}7^2 - 3{,}3^2$

$q \approx 4{,}6\,cm$

3. Ber. v. c:

$c = p + q$

$c = 2{,}3 + 4{,}6$

$c = 6{,}9\,cm$

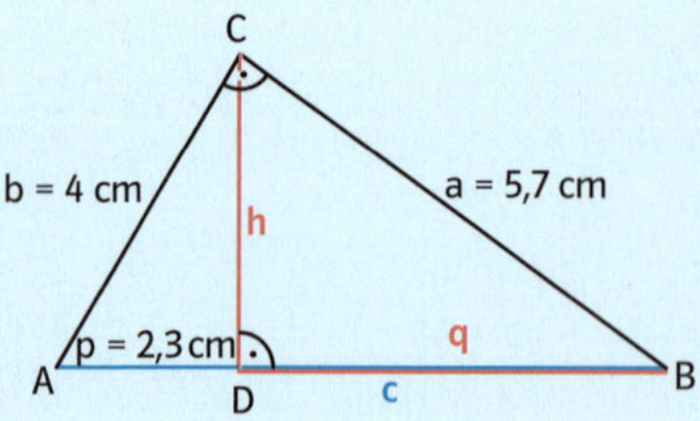

2

Das linke Teildreieck ist ein gleichschenklig-rechtwinkliges Dreieck.

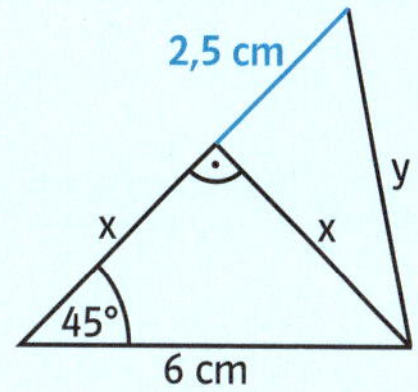

1. Ber. v. x:

$x^2 + x^2 = 6^2 2x^2 = 36 \quad | :2$

$x^2 = 18 \quad | \sqrt{\ }$

$x \approx 4{,}2\,\text{cm}$

2. Ber. v. y:

$y^2 = x^2 + 2{,}5^2$

$y^2 = 4{,}2^2 + 2{,}5^2$

$y \approx 4{,}9\,\text{cm}$

3. Ber. v. U:

$U = 6 + 4{,}2 + 2{,}5 + 4{,}9 = 17{,}6\,\text{cm}$

4. Ber. v. A:

$A = \frac{4{,}2 \cdot 4{,}2}{2} + \frac{2{,}5 \cdot 4{,}2}{2} = 8{,}8 + 5{,}3 = 14{,}1\,\text{cm}^2$

3

Die beiden aufgeklappten Pyramidenseiten

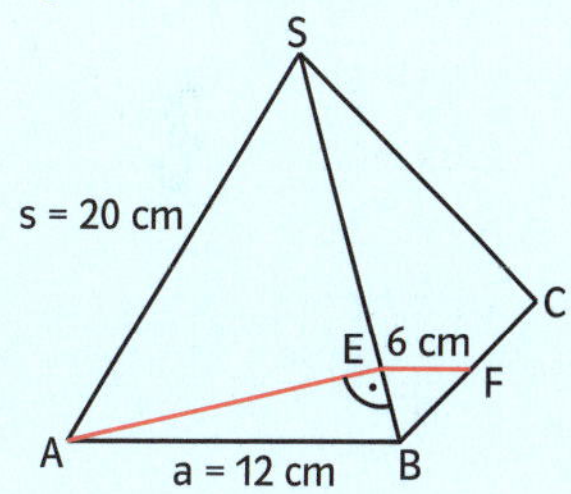

1. Ber. v. $\overline{AE}$:

$\overline{AE} = AEF - EF = 17{,}5 - 6 = 11{,}5\,\text{cm}$

2. Ber. v. $\overline{BE}$:

$\overline{BE}^2 = \overline{AB}^2 - \overline{AE}^2$

$\overline{BE}^2 = 12^2 - 11{,}5^2$

$\overline{BE} \approx 3{,}4\,\text{cm}$

3. Ber. v. $\overline{SE}$:

$\overline{SE} = \overline{SB} - \overline{BE} = 20 - 3{,}4 = 16{,}6\,\text{cm}$

4. Ber. v. A_{AES}:

$A = \frac{\overline{AE} \cdot \overline{SE}}{2} = \frac{11{,}5 \cdot 16{,}6}{2} = 95{,}45\,\text{cm}^2$

4

Das rechte Teildreieck ist ein halbes gleichseitiges Dreieck.

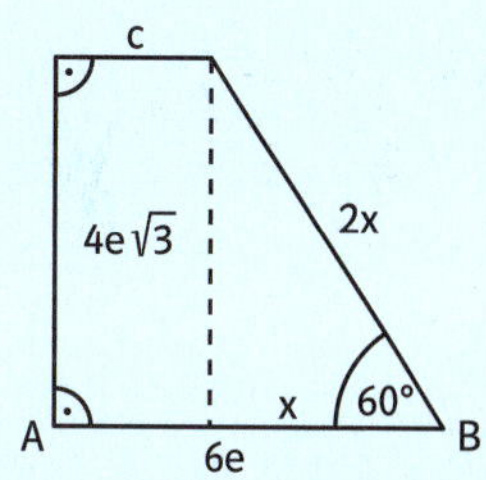

Ber. v. x:

$(4e\sqrt{3})^2 + x^2 = (2x)^2 \quad | - x^2$

$16e^2 \cdot 3 = 3x^2 \quad | :3$

$16e^2 = x^2 \quad | \sqrt{\ }$

$x = 4e$

Ber. v. c:

$c = \overline{AB} - x = 6e - 4e = 2e$

Ber. v. U:

$U = 6e + 8e + 2e + 4e\sqrt{3}$

$U = 16e + 4e\sqrt{3}$

$U = 4e(4 + \sqrt{3})$

5

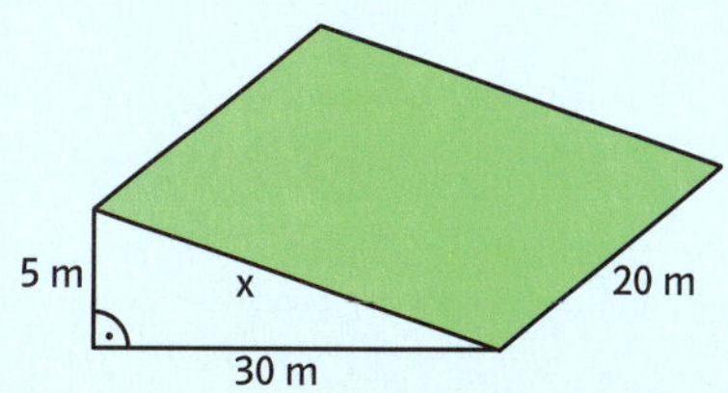

$x^2 = 30^2 + 5^2$

$x \approx 30{,}41\,\text{m}$

$A = 20 \cdot x$

$A = 20 \cdot 30{,}41$

$A = 608{,}2\,\text{m}^2$

$1\,\text{Ar} = 100\,\text{m}^2$

$A = 6{,}08\,\text{a}$

Das Grundstück hat eine Fläche von 6,08 a.

6 Kreis und Kreisberechnungen

6.1 Kreisumfang

Die Lösungen in diesem Kapitel sind in der Regel auf eine Stelle nach dem Komma gerundet.

1

a) $U = 2\pi \cdot 2{,}6$
$U \approx 16{,}3\,cm$

b) $U = \pi \cdot 8{,}1$
$U \approx 25{,}4\,cm$

c) $U = 2\pi \cdot 0{,}8$
$U \approx 5{,}0\,cm$

2

a) $28{,}3 = 2\pi r$
$r \approx 4{,}5\,cm$

b) $113{,}1 = 2\pi r$
$r \approx 18{,}0\,cm$

c) $22{,}6 = 2\pi r$
$r \approx 3{,}6\,cm$

3

a) $78{,}5 = \pi \cdot d$
$d \approx 25\,cm$

b) $37{,}7 = \pi \cdot d$
$d \approx 12\,mm$

c) $1{,}88 = \pi \cdot d$
$d \approx 0{,}6\,m$

4

Umfang ist die Hälfte des Metallbandes: $U = 1\,m$

$1\,m = \pi \cdot d \Rightarrow$ **$d \approx 0{,}32\,m$**

Der Fassdurchmesser ist an dieser Stelle 32 cm.

5

a) $A = a^2$

$\Rightarrow a = 10\,cm$

Die vier Halbkreise ergeben zwei Kreise mit:

$U = 2 \cdot (\pi \cdot d)$

$U = 2 \cdot (\pi \cdot 10)$

$U = 62{,}8\,cm$

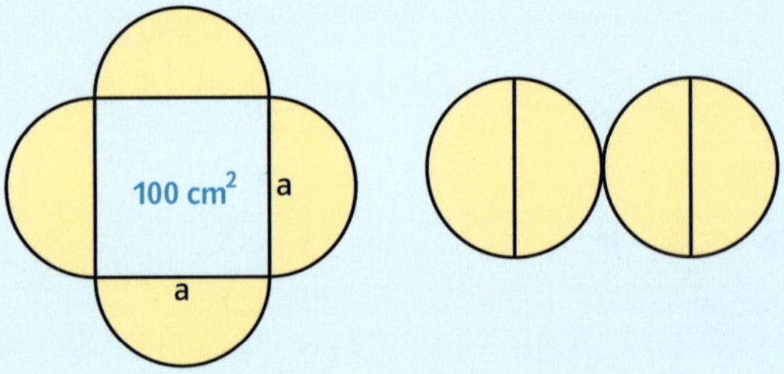

b) $b^2 + b^2 = 30^2$

$b \approx 21{,}2\,cm$

Der Radius ist ein Viertel von b:

$r = 21{,}2 : 4 = 5{,}3\,cm$

Die vier Halbkreise bilden zusammen zwei Kreise.

$U = 2 \cdot 2\pi \cdot r = 2 \cdot 2\pi \cdot 5{,}3$

$U \approx 66{,}6\,cm$

$U_{ges} = 30 + 66{,}6 =$ **$96{,}6\,cm$**

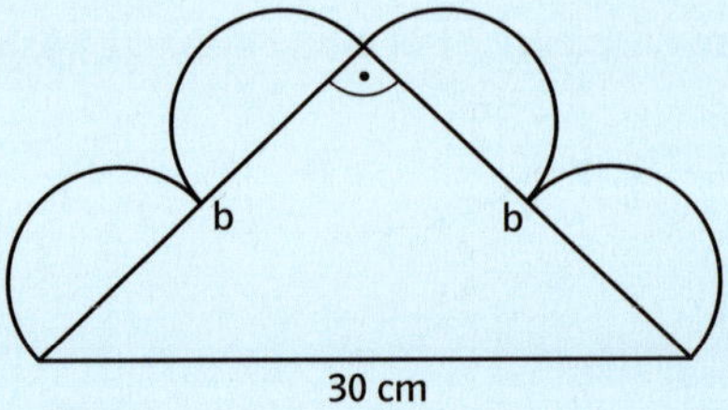

6

$d = 15\,cm \Rightarrow U = \pi \cdot d = \pi \cdot 15 \approx 47{,}2\,cm$

Abstand zum Boden: $6\,m = 600\,cm$

Anzahl der Drehungen: $600 : 47{,}2 = 12{,}7$

Das Förderrad muss sich etwa 13-mal drehen.

7

Reifendurchmesser: $26 \cdot 2{,}54 = 66{,}04\,cm$

Reifenumfang: $U = \pi \cdot d = \pi \cdot 66{,}04 = 207{,}47\,cm \approx 2{,}07\,m$

Schulweg: $3\,km = 3000\,m$

Anzahl der Umdrehungen: $3000 : 2{,}07 = 1449{,}27$

Die Reifen drehen sich rund 1450-mal.

6.2 Kreisfläche

1

a) $A = \pi \cdot 5^2 \approx 78{,}5\,cm^2$

b) $A = \pi \cdot 9^2 \approx 254{,}5\,cm^2$

c) $51{,}7 = 2\,\pi \cdot r \Rightarrow r \approx 8{,}2\,cm$; $A = \pi \cdot 8{,}2^2 = 211\,cm^2$

2

a) $98 = \pi \cdot r^2 \Rightarrow r \approx 5{,}6\,cm$

b) $42 = \pi \cdot r^2 \Rightarrow r \approx 3{,}7\,dm$; $d = 7{,}4\,dm$

c) $156 = \pi \cdot r^2 \Rightarrow r \approx 7\,cm$; $U = 2\,\pi \cdot 7 = 44\,cm$

3

a) halbe Kreisfläche
$r = 2{,}3\,m$
$A = \pi \cdot 2{,}3^2$
$A \approx 16{,}6\,cm^2$
$\frac{1}{2}A = 8{,}3\,cm^2$

b) Viertelkreis
$A = \pi \cdot 5{,}8^2$
$A \approx 105{,}7\,cm^2$
$\frac{1}{4}A = 26{,}4\,cm^2$

c) Dreiviertel Kreis
$A = \pi \cdot 8{,}6^2$
$A \approx 232{,}4\,cm^2$
$\frac{3}{4}A = 174{,}3\,cm^2$

4

a) Die obere Kante des Trapezes ist $c = 10 - 3 - 3 = 4\,cm$,
der Radius des Halbkreises ist $r = 2\,cm$ lang.
$A = A_{Trapez} + A_{Halbkreis} = \frac{10+4}{2} \cdot 6 + \frac{1}{2}\pi \cdot 2^2 \approx 42 + 6{,}3 = \mathbf{48{,}3\,cm^2}$

b) Der gesamte Umfang beträgt 19,4 cm.
Der Umfang der beiden Halbkreise zusammen ist: $19{,}4 - 2 \cdot 5 = 9{,}4\,cm$.
Der Radius berechnet sich aus: $U = 2\pi \cdot r \Rightarrow 9{,}4 = 2\pi \cdot r \Rightarrow r \approx 1{,}5\,cm$.
Die Breite des Rechtecks ist $b = 2 \cdot r = 3\,cm$
Der Flächeninhalt der Figur: $A = A_{Rechteck} + A_{Kreis}$
$A = 5 \cdot 3 + \pi \cdot 1{,}5^2 = 15 + 7{,}07 \approx \mathbf{22{,}07\,cm^2}$

5

Durchmesser einer Münze: $7{,}23 = \pi \cdot d \Rightarrow d = 7{,}23 : \pi \approx 2{,}31\,cm$
Anzahl der Münzen in einer Reihe: $10 : 2{,}31 = 4$ Münzen
Anzahl der Reihen: $6 : 2{,}31 = 2$ Reihen
Es passen insgesamt $4 \cdot 2 =$ **8** Münzen auf das Rechteck.

6.3 Kreisteile

1

	Halbkreis	Viertelkreis	Drittelkreis	Sechstelkreis	Achtelkreis	Fünftelkreis	Neuntelkreis	Zehntelkreis
α	180°	**90°**	**120°**	60°	**45°**	**72°**	**40°**	**36°**
Flächenanteil	$\frac{1}{2} \cdot A$	$\frac{1}{4} \cdot A$	$\frac{1}{3} \cdot A$	$\frac{1}{6} \cdot A$	$\frac{1}{8} \cdot A$	$\frac{1}{5} \cdot A$	$\frac{1}{9} \cdot A$	$\frac{1}{10} \cdot A$

2

a) $A = \pi \cdot 28^2 \cdot \frac{65°}{360°}$
$\mathbf{A \approx 444{,}7\,cm^2}$

b) $r = 1{,}5\,cm$
$5 = \pi \cdot 1{,}5^2 \cdot \frac{\alpha}{360°}$
$\mathbf{\alpha \approx 254{,}6°}$

c) $r = 17{,}5\,cm$
$b = \pi \cdot 17{,}5 \cdot \frac{46°}{180°}$
$\mathbf{b \approx 14\,cm}$

d) $100 = \pi \cdot r^2 \cdot \frac{50°}{360°}$
$r^2 = \frac{100 \cdot 360}{\pi \cdot 50°}$
$\mathbf{r \approx 15{,}1\,cm}$

e) $75 = \pi \cdot 52 \cdot \frac{\alpha}{30°}$
$\alpha = \frac{75 \cdot 180°}{\pi \cdot 52}$
$\mathbf{\alpha \approx 82{,}6°}$

f) $A = \frac{b \cdot r}{2}$
$215 = \frac{b \cdot 69}{2}$
$b \approx \frac{215 \cdot 2}{69} = \mathbf{6{,}2\,cm}$

3

a) Der Mittelpunktswinkel der zu pflasternden Fläche ist 360° – 42° = 318°.

Ihr Flächeninhalt beträgt: **A** $= \pi \cdot 2{,}5^2 \cdot \frac{318°}{360°} \approx$ **17,3 m²**.

Es sind Steine für rund 18 m² nötig.

b) Die Einfassung besteht aus einem Kreisbogen und zwei Radien:

$U = b + 2 \cdot r$

$b = \pi \cdot 2{,}5 \cdot \frac{318°}{180°} \approx 13{,}88\,m$

U $= 13{,}88 + 2 \cdot 2{,}5 =$ **18,88 m**

Für die Einfassung wird man Steine für 19 m bestellen müssen.

4

$r_2 = r_1 - x = 17{,}5 - 6{,}8 = 10{,}7\,cm$

A $= \frac{1}{2}(\pi \cdot r_1^2 - \pi \cdot r_2^2) = \frac{1}{2}\pi \cdot (17{,}5^2 - 10{,}7^2) \approx$ **301 cm²**

$U = b_1 + b_2 + 2 \cdot x$

$b_1 = \frac{1}{2} \cdot 2\pi \cdot r_1 = \pi \cdot 17{,}5 = 55\,cm$

$b_2 = \frac{1}{2} \cdot 2\pi \cdot r_2 = \pi \cdot 10{,}7 = 33{,}6\,cm$

U $= 55 + 33{,}6 + 2 \cdot 6{,}8 =$ **102,2 cm**

Test

1

a) $d = 9{,}7\,cm$

r $= 9{,}7 : 2 =$ **4,85 cm**

U $= \pi \cdot d \approx$ **30,5 cm**

A $= \pi \cdot r^2 = \pi \cdot 4{,}85^2$

$\approx$ **73,9 cm²**

b) $U = 126\,cm$

$126 = \pi \cdot d$

d $= 126 : \pi \approx$ **40,1 cm**

r = 20,05 cm

A $= \pi \cdot 20{,}05^2$

$\approx$ **1262,93 cm²**

c) $A = 79{,}9\,cm^2$

$79{,}9 = \pi \cdot r^2$

r² $= \sqrt{79{,}9 : \pi} \approx$ **5,0 cm**

d = 10,0 cm

U $= \pi \cdot 10 \approx$ **31,4 cm**

2

$U = \pi \cdot d$

$U = \pi \cdot 17$

$U \approx 53{,}4\,mm = 5{,}34\,cm$

Länge des Golddrahts: 1 m = 100 cm

Anzahl der Ringe: 100 : 5,34 = **18,7**

Es sind 18 Ringe herstellbar.

3

Fläche des großen Kreises: $A = \pi \cdot r_1^2 = \pi \cdot 45^2 \approx 6362\,cm^2$

Die halbe Fläche (= innerer Kreis): 3181 cm

Radius des inneren Kreises: $3181 = \pi \cdot r_2^2 \Rightarrow r_2 \approx 31{,}8\,cm$

Breite des Kreisrings: $x = r_1 - r_2 = 45 - 31{,}8 =$ **13,2 cm**

4

Radius des Großen Halbkreises: $r = 3\,cm \Rightarrow A_1 = \frac{1}{2}\pi \cdot 3^2 \approx 14{,}14\,cm^2$

Radius des unteren Kreises: $\frac{1}{2}r = 1{,}5\,cm \Rightarrow A_2 = \frac{1}{2}\pi \cdot 1{,}5^2 \approx 3{,}53\,cm^2$

Radius des kleinen Kreises: $\frac{1}{4}r = 0{,}75\,cm \Rightarrow A_3 = \frac{1}{2}\pi \cdot 0{,}75^2 \approx 0{,}88\,cm^2$

Gesamte gelbe Fläche: $A_{ges} = A_1 + A_2 - A_3 = 14{,}14 + 3{,}53 - 0{,}88 =$ **16,79 cm²**

5

Die grüne Fläche ist ein Sechstelkreis, von dem ein gleichseitiges Dreieck subtrahiert wird.

$A_{Sechstelkreis} = \frac{1}{6}\pi \cdot 11^2 \approx 63{,}36\,cm^2$

$A_{Dreieck} = \frac{r^2}{4}\sqrt{3} = \frac{11^2}{4}\sqrt{3} \approx 52{,}39\,cm^2$

Differenz: **10,97 cm²**

6

Im gleichseitigen Dreieck schneiden sich die Höhen im Verhältnis 2 : 1. Der Radius beträgt zwei Drittel der Höhe.

Ber. v. h_a:

$r = \frac{2}{3}h_a \Rightarrow h_a = \frac{3}{2}r = \frac{3}{2}10 = 15\,cm$

Ber. v. a:

$h_a^2 + \left(\frac{a}{2}\right)^2 = a^2 \quad | -\left(\frac{a}{2}\right)^2$

$15^2 = \frac{3}{4}a^2 \quad | \cdot\frac{4}{3}$

$a^2 = 300 \quad | \sqrt{\ }$

$a \approx 17{,}3\,cm$

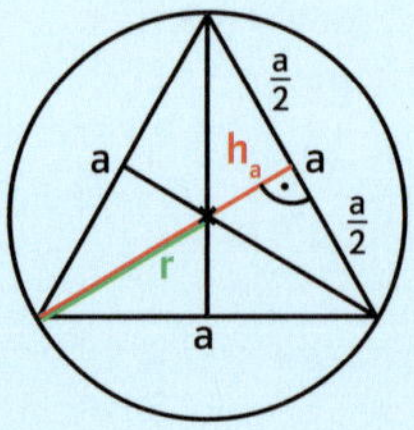

7 Zylinder

7.1 Oberfläche des Zylinders

1

a) $O = 2\pi \cdot 4{,}5\,(4{,}5 + 9{,}8)$
$O \approx 404\,cm^2$

b) $M = 2\pi \cdot 8{,}5 \cdot 9$
$M \approx 481\,cm^2$

c) $370 = 2\pi \cdot r \cdot 12$
$r = 4{,}9\,cm$

d) $561 = 2\pi \cdot 6\,(6 + h) \quad | : (2\pi \cdot 6)$
$14{,}88 \approx 6 + h \quad | - 6$
$h \approx 8{,}9\,cm$

e) $145 = 2\pi \cdot 7 \cdot h$
$h \approx 3{,}3\,m$

f) $0{,}5\,l = 500\,cm^3$
$500 = 2\pi \cdot r \cdot (r + 18) \quad | : 2\pi$
$79{,}6 \approx r^2 + 18r \quad | - 79{,}6$
$0 = r^2 + 18r - 79{,}6$
$r_{1,2} = -9 \pm \sqrt{81 + 79{,}6}$
$r \approx 3{,}7\,cm$

2

Zylinder 1:
$O = 2\pi \cdot 5{,}5\,(5{,}5 + 9)$
$O \approx 501\,cm^2$

Zylinder 2:
$O = 2\pi \cdot 9\,(9 + 5{,}5)$
$O \approx 820\,cm^2$

a) Der zweite Zylinder hat die größere Oberfläche.
b) Sie unterscheiden sich um $319\,cm^2$.

3

$d = 1{,}2\,m \Rightarrow r = 0{,}6\,m$
$M = 2\pi \cdot 0{,}6 \cdot 2{,}5 \approx 9{,}4\,m^2$
Es sind $9{,}4\,m^2$ Fläche zu bekleben.

4

Walze:

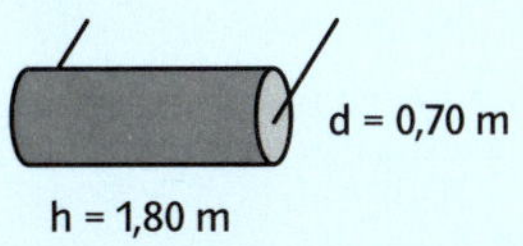

$M = \pi \cdot 0{,}7 \cdot 1{,}8 \approx 3{,}96\,m^2$
$M = 4\,m^2$

Straßenfläche:
$50\,m \cdot 3{,}6\,m = 180\,m^2$
$180 : 4 = 45$
Die Walze muss sich ca. 45-mal drehen.
Eine Lösung wäre auch über den Umfang der Walze möglich.

5

innerer Radius: $r_2 = 40\,cm$
äußerer Radius: $r_1 = 40 + 8 = 48\,cm$
$h = 3\,m = 300\,cm$

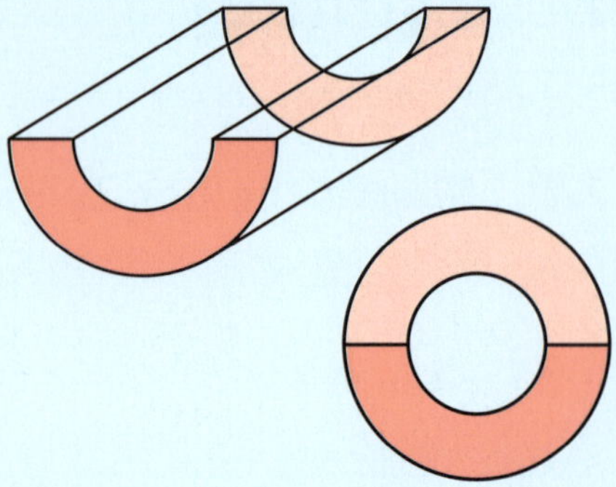

$O = \frac{1}{2}M_{außen} + \frac{1}{2}M_{innen} + 2 \cdot A_{Rechteck} + A_{Kreisring}$

$\frac{1}{2}M_{außen} = \pi \cdot 48 \cdot 300 = 45\,239\,cm^2 \approx 4{,}52\,m^2$

$\frac{1}{2}M_{innen} = \pi \cdot 40 \cdot 300 = 37\,699\,cm^2 \approx 3{,}77\,m^2$

$2 \cdot A_{Rechteck} = 2 \cdot 8 \cdot 300 = 4800\,cm^2 = 0{,}48\,m^2$

$A_{Kreisring} = \pi \cdot (48^2 - 40^2) \approx 2212\,cm^2 = 0{,}22\,m^2$

$O_{ges} = 4{,}52 + 3{,}77 + 0{,}48 + 0{,}22 \approx$ **$9\,m^2$**

7.2 Volumen des Zylinders

1

a) $500 = \pi \cdot r^2 \cdot 0{,}8$ *(in dm)*
$r \approx 14{,}1\,dm$

b) $900 = \pi \cdot 5^2 \cdot h$ *(in dm)*
$h \approx 11{,}5\,dm$

2

$V_{Würfel} = V_{Zyl} = \pi \cdot 7{,}5^2 \cdot 15 \approx 2651\,cm^3$
Würfelkante: $a = \sqrt[3]{2651} \approx$ **$13{,}8\,cm$**

3

$r = d : 2 = 0{,}55\,m = 5{,}5\,dm$; $V = 500\,l = 500\,dm^3$

a) Berechnung der Höhe:
$500 = \pi \cdot 5{,}5^2 \cdot h \quad | : (\pi \cdot 5{,}5^2)$
$h \approx 500 : 95{,}03$
$h = 5{,}26\,dm =$ **$52{,}6\,cm$**

b) Ber. des Fassungsvermögens:
$V_{ges} = \pi \cdot 5{,}5^2 \cdot 10$ $(h = 1\,m = 10\,dm)$
$V \approx 950{,}33\,dm^3$
Ber. des neuen Wasserstandes:
$75\,\%$ von $950\,dm^3 = 712{,}7\,dm^3$
$712{,}7 = \pi \cdot 5{,}5^2 \cdot h$
$h \approx 7{,}5\,dm =$ **$75\,cm$**

4

$V = 6\,l = 6000\,cm^3$; $r = 4 : 2 = 2\,cm$; $h = 18\,cm$
Volumen eines Zylinders: $V = \pi \cdot 2^2 \cdot 18 \approx 226{,}2\,cm^3$
Anzahl der Zylinder: $6000 : 226{,}2 =$ **26,5**
Man braucht 27 Zylinder.

5

a) $2G = O - M = 1659 - 1257 = 402\,cm^2 \Rightarrow G = 402 : 2 = 201\,cm^2$

Ber. v. r:
$201 = \pi \cdot r^2 \quad | : \pi$
$r \approx 8{,}0\,cm$

Ber. v. h:
$M = 2\pi \cdot r \cdot h$
$1257 = 2\pi \cdot 8 \cdot h \quad | : (2\pi \cdot 8)$
$h \approx 1257 : 50{,}27$
$\approx 25{,}0\,cm$

Ber. v. V:
$V = \pi \cdot 8^2 \cdot 25$
$\approx 5026{,}5\,cm^3$
≈ 5,027 l

b) $V = 282{,}7\,cm^3;\ M = 188{,}5\,cm^2$

Ber. v. h:
$V = \pi \cdot r^2 \cdot h$
$282{,}7 = \pi \cdot r^2 \cdot h \quad | : \pi$
$90 \approx r^2 \cdot h$
$h = \frac{90}{r^2}$

Ber. v. r:
$M = 2\pi \cdot r \cdot h$
$188{,}5 = 2\pi \cdot r \cdot \frac{90}{r^2} \quad | : 2\pi$
$30 \approx \frac{r \cdot 90}{r^2} \quad$ | gekürzt mit r
$30 = \frac{90}{r} \quad | \cdot r$
$30r = 90 \quad | : 30$
$r = 3\,cm$

Ber. v. O:
$O = 2\pi \cdot 3 \cdot (3 + 10)$
$\approx$ **245 cm²**

7.3 Zusammengesetzte Körper

1

$V_{Würfel} = 12^3 = 1728\,cm^3$
$r = a : 2 = 6\,cm$
$V_{Zylinder} = \pi \cdot 6^2 \cdot 12 \approx 1357{,}2\,cm^3$

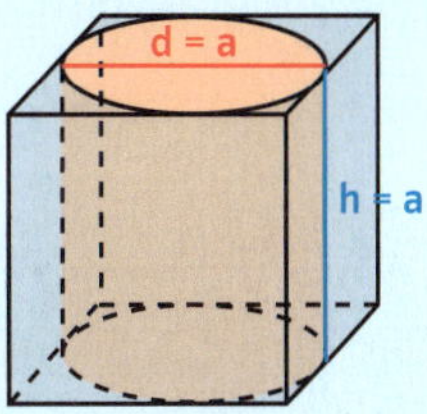

Ber. v. V_{Rest}:
$V_{Rest} = V_{Würfel} - V_{Zylinder}$
$= 1728 - 1357{,}2 =$ **370,8 cm³**

Ber. v. O_{Rest}:
$O_{Rest} = O_{Würfel} - 2 \cdot A_{Kreis} + M_{Zyl}$

Ber. v. $O_{Würfel}$:
$O = 6 \cdot a^2$
$= 864\,cm^2$

Ber. v. A_{Kreis}:
$A = \pi \cdot 6^2$
$\approx 113{,}1\,cm^2$

Ber. v. M_{Zyl}:
$M_{Zyl} = 2\pi \cdot 6 \cdot 12$
$\approx 452{,}4\,cm^2$

$O_{Rest} = 864 - 2 \cdot 113{,}1 + 452{,}4 =$ **1090,2 cm²**

2

$h = 70\,cm;\ r_1 = 15\,cm;\ r_2 = 15 - 4{,}5 = 10{,}5\,cm$

$V = \pi \cdot (15^2 - 10{,}5^2) \cdot 70 \approx 25\,235\,cm^3 \approx$ **25,2 dm³**

Ber. v. $A_{Kreisring}$:

$A = \pi \cdot (r_1^2 - r_2^2)$

$= \pi \cdot (15^2 - 10{,}5^2)$

$\approx 360{,}5\,cm^2$

Ber. v. $M_{Z\ außen}$:

$M_1 = 2\pi \cdot 15 \cdot 70$

$\approx 6597{,}34\,cm^2$

Ber. v. $M_{Z\ innen}$:

$M_2 = 2\pi \cdot 10{,}5 \cdot 70$

$\approx 4618{,}14\,cm^2$

$O = 2 \cdot A_{Kreisring} + M_{Zyl\ außen} + M_{Zyl\ innen} = 2 \cdot 360{,}5 + 6597{,}34 + 4618{,}14 = 11\,936{,}49\,cm^2 =$ **1,2 m²**

3

Zylinder: $r = 4{,}5\,cm;\ h = 40\,cm$

$V_1 = \pi \cdot 4{,}5^2 \cdot 40$

$\approx 2544{,}69\,cm^3$

Griffe: $r = 1{,}25\,cm;\ h = 20\,cm$

$V_2 = \pi \cdot 1{,}25^2 \cdot 20$

$= 98{,}17\,cm^3$

$V_{ges} = V_1 + 2 \cdot V_2 = 2544{,}69 + 2 \cdot 98{,}17 = 2741{,}04\,cm^3 =$ **2,7 l**

4

Quader:

$O = 4 \cdot 6 \cdot 2{,}8 + 2 \cdot 2{,}8^2$

$= 67{,}2 + 15{,}68$

$= 82{,}88\,cm^2$

Fehlendes Rechteck unter der Brücke:

$A_R = d \cdot 2{,}8 = 4{,}4 \cdot 2{,}8$

$= 12{,}32\,cm^2$

Halbzylinder:

$d = 6 - 2 \cdot 0{,}8 = 4{,}4\,cm;\ r = 2{,}2\,cm$

$h = 2{,}8\,cm$

Mantelhälfte:

$M = \pi \cdot 2{,}2 \cdot 2{,}8 \approx 19{,}35\,cm^2$

Halbkreisfläche:

$A = \frac{1}{2} \cdot \pi \cdot 2{,}2^2 \approx 7{,}6\,cm^2$

Oberfläche des Bausteins: $O = O_{Quader} + M_{Zylhälfte} - 2 \cdot A_{Halbkr.} - A_{Rechteck}$

$= 82{,}88 + 19{,}35 - 2 \cdot 7{,}6 - 12{,}32 =$ **74,71 cm²**

5

Unterste Stufe
$r_1 = 50\,cm$
$V_1 = \pi \cdot 50^2 \cdot h$
$= 2500 \cdot \pi \cdot h$

Mittlere Stufe
$r_2 = 25\,cm$
$V_2 = \pi \cdot 25^2 \cdot h$
$= 625 \cdot \pi \cdot h$

Oberste Stufe
$r_3 = 12{,}5\,cm$
$V_3 = \pi \cdot 12{,}5^2 \cdot h$
$= 156{,}25 \cdot \pi \cdot h$

$V = 144{,}3\,dm^3 = 144\,300\,cm^3$
$= V_1 + V_2 + V_3$
$= 2500 \cdot \pi \cdot h + 625 \cdot \pi \cdot h + 156{,}25 \cdot \pi \cdot h$
$= 3281{,}25 \cdot \pi \cdot h$

Ber. v. h:
$144\,300 = 3281{,}25 \cdot \pi \cdot h$
$h = 144\,300 : 3281{,}25\pi$
$\approx 13{,}998 \approx 14\,cm$

Ber. v. O:
$O_{ges} = O_1 + O_2 + M_2 + M_3$
$O_1 = 2\pi \cdot 50(50 + 14) \approx 20\,106\,cm^2$
$M_2 = 2\pi \cdot 25 \cdot 14 \approx 2199\,cm^2$
$M_3 = 2\pi \cdot 12{,}5 \cdot 14 \approx 1100\,cm^2$

$O_{ges} = 20\,106 + 2199 + 1100 = 23\,450\,cm^2 \approx$ **$234\,dm^2$**

Test

1

a) Ber. v. r:
$M = 2\pi \cdot r \cdot h$
$1144 = 2\pi \cdot r \cdot 28 \quad |:2\pi \cdot 28$
$r \approx 6{,}5\,cm$

b) Ber. v. r:
Löse mit der p-q Lösungsformel
$301{,}6 = 2\pi \cdot r \cdot (r + 8) \quad |:2\pi$
$48 \approx r^2 + 8r$
$r^2 + 8r - 48 = 0$
$r = -4 \pm 8 \Rightarrow r_1 = 4;$
$r_2 = -12$ *−12 ist keine Lösung*

Ber. v. V:
$V = \pi \cdot r^2 \cdot h$
$= \pi \cdot 4^2 \cdot 28$
$\approx 1407\,cm^3$

2

Gesamtvolumen: $V = \pi \cdot 5^2 \cdot 40 \approx 3142\,cm^3$
Wasserstand: $h = 25{,}5\,cm$
$V = \pi \cdot 5^2 \cdot 25{,}5 \approx$ **$2002{,}76\,cm^3$**
Es sind rund 2 Liter Wasser in der Vase.

3

$V = 200\,cm^3$; $d = 2\,mm$; $r = 1\,mm = 0{,}1\,cm$
$200 = \pi \cdot 0{,}1^2 \cdot h \quad |:\pi \cdot 0{,}1^2$
$h \approx 6366\,cm =$ **$63{,}66\,m$**
Der Draht wird ungefähr 64 m lang.

4

$r = 7{,}5\,cm$; $M = 471\,cm^2$

Ber. v. h:
$471 = 2\pi \cdot 7{,}5 \cdot h$
$h \approx 10\,cm$

Ber. v. V:
$V = \pi \cdot 7{,}5^2 \cdot 10$
$\approx$ **1767 cm³**

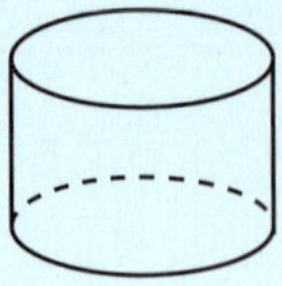

$V = \pi \cdot r^2 \cdot h$

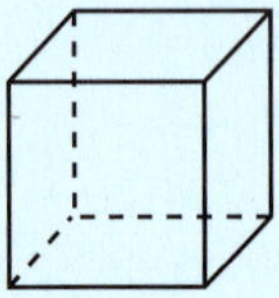

$V = a^3$

Ber. v. a:
$a = \sqrt[3]{1767}$
≈ 12

Ber. v. O:
$O = 6 \cdot a^2$
$= 864\,cm^2$

5

$V_{Würfel} = 512\,cm^3$; $V_{ges} = 800\,cm^3$

$a = \sqrt[3]{512} = 8\,cm$
$d_{Zyl} = 8\,cm \Rightarrow r = 4\,cm$
$V_{Zyl} = 800 - 512 = 288\,cm^3$
$288 = \pi \cdot 4^2 \cdot h$
$h = 288 : (\pi \cdot 16)$
$\approx$ **5,7 cm**

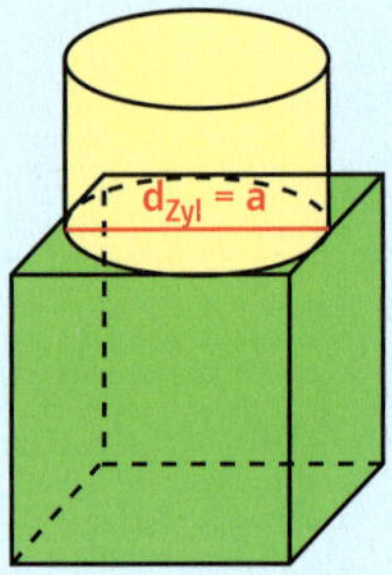

8 Sachrechnen

8.1 Prozentrechnen

1

$G = 374\,000$ Paare

$p = 4\,\%$

$P = \frac{374\,000 \cdot 4}{100} = 14\,960$

Es sind dieses Jahr 14 960 Paare mehr.

2

$G^- = 82{,}3$ Mio. Menschen

$P = 123\,000$ Menschen

$G = 82\,300\,000 + 123\,000$

$G = 82\,423\,000$ Menschen

$q = \frac{G^-}{G} = \frac{82\,300\,000}{82\,423\,000} = 0{,}9985$

$p = (1 - 0{,}9985) \cdot 100\,\% = 0{,}15\,\%$

Die Bevölkerung hat um 0,15% Prozent abgenommen.

3

$G^+ = 673\,000$ Babys

$p = 1{,}9\,\% \Rightarrow q = 1 - \frac{1{,}9}{100} = 98{,}1$

$G = \frac{G^+}{q} = \frac{673\,000}{98{,}1} = 686\,034{,}66$

Im Jahr zuvor kamen 686 035 Babys zur Welt. Das sind 13 039 Babys mehr.

4

$G^- = 822\,000$ Todesfälle

$p = 1{,}2\,\% \Rightarrow q = 0{,}988$

$G = \frac{822\,000}{0{,}988} = 831\,983{,}81$

Im Vorjahr starben 831 984 Menschen.

5

Nettopreis des Mountain-Bikes: 1041,74 €

Mehrwertsteuer: $19\,\% \Rightarrow q = 1{,}19$

Endpreis: $1041{,}74 \cdot 1{,}19 = 1239{,}67$ €

Mwst in Euro: $1239{,}67 - 1041{,}74 = 197{,}93$ €

6

Berechnung des Nettopreises: 568,10 € : 1,19 = 477,39,00 €
Berechnung der Mehrwertsteuer: 568,10 € − 477,39 € = **90,71 €**

7

$q_1 = 0,85$; $q_2 = 0,8$; $q_3 = 0,9$
Ursprüngliche Kosten des Perserteppichs: x
Ermäßigter Preis: $x \cdot 0,85 \cdot 0,8 \cdot 0,9 = 0,612x$
$\Rightarrow p = (1 - 0,612) \cdot 100 = 0,388 \cdot 100 = 38,8\,\%$
Der Kunde hat nicht Recht, es sind keine 45 % sondern 38,8 %.
Der zweite und der dritte Nachlass beziehen sich jeweils auf bereits ermäßigte Preise und sind deshalb nicht so hoch.

	Listenpreis
−	*Rabatt*
=	*Nettopreis*
+	*MwSt*
=	*Bruttopreis*
−	*Skonto*
=	*Endpreis*

8.2 Zinsrechnen

1

a) K = 3600 €
p = 4,25 %
n = $\frac{1}{2}$ Jahr

$Z = K \cdot \frac{p}{100} \cdot t = 3600 \cdot \frac{4,25}{100} \cdot \frac{1}{2} = 76,50\,€$

b) K = 4500 €
p = 3,75 %
n = 9 Monate

$Z = K \cdot \frac{p}{100} \cdot \frac{Mon}{12} = 4500 \cdot \frac{3,75}{100} \cdot \frac{9}{12} = 126,56\,€$

c) K = 12 000 €
p = 4,5 %
n = 275 Tage

$Z = K \cdot \frac{p}{100} \cdot \frac{Tage}{360} = 12\,000 \cdot \frac{4,5}{100} \cdot \frac{275}{360} = 412,50\,€$

2

K = 2050 €
p = 11,5 %
n = 170 Tage

$Z = K \cdot \frac{p}{100} \cdot \frac{Tage}{360} = 2050 \cdot \frac{11,5}{100} \cdot \frac{170}{360} = 111,33\,€$

3

Z = 105 €
p = 6 %
n = 7 Monate

$105 = K \cdot \frac{6}{100} \cdot \frac{7}{12} \Rightarrow$

$K = \frac{105 \cdot 100 \cdot 12}{6 \cdot 7} = 3000\,€$

Das Kapital beträgt 3000 €.

4

a) $K_0 = x$
$p = 3{,}5\,\%$
$n = 270$ Tage
$K_n = 20\,725\,€$

$Z = x \cdot \frac{3{,}5}{100} \cdot \frac{270}{360} = 0{,}02625x$

Prämie $P = x \cdot \frac{1}{100} = 0{,}01x$

Berechnung des Anfangskapitals:

$K_n = K_0 + Z + P$

$20\,725 = x + 0{,}02625x + 0{,}01x \Rightarrow 20\,725 = 1{,}03625x$

$x = 20\,000\,€$

Frau Metzger hat 20 000 € geerbt.

b) $q = \frac{20\,725}{19\,300} = 1{,}0738 \Rightarrow p = 7{,}38\,\%$

Ihr Guthaben ist insgesamt um 7,38 % gestiegen.

5

a) $K = x$
$p = 3{,}5\,\%$
$Z = 345\,€$
$n = 1$ Jahr

$345 = x \cdot \frac{3{,}5}{100} \cdot 1 \Rightarrow x = \frac{345 \cdot 100}{3{,}5} = 9857{,}14$

Kapital: 9900 €

b) $K = x$
$p = 4{,}25\,\%$
$Z = 81{,}50\,€$
$n = 7$ Mon.

$81{,}50 = x \cdot \frac{4{,}25}{100} \cdot \frac{7}{12} \Rightarrow x = \frac{81{,}50 \cdot 100 \cdot 12}{4{,}25 \cdot 7} = 3287{,}39$

Kapital: 3300 €

c) $K = x$
$p = 12\,\%$
$Z = 70{,}32\,€$
$n = 25$ Tage

$70{,}32 = x \cdot \frac{12}{100} \cdot \frac{25}{360} \Rightarrow x = \frac{70{,}32 \cdot 100 \cdot 360}{12 \cdot 25} = 8438{,}40$

$K = 8400\,€$

d) $K = 8438{,}40\,€$
$p = 10{,}75\,\%$
$n = 1$ Mon.

$Z = 8438{,}40 \cdot \frac{10{,}75}{100} \cdot \frac{1}{12} = 75{,}59$

Nein, es wäre nicht günstiger gewesen; er hätte 75,59 € Zinsen bezahlen müssen.

6

$K = 19.000\,€$
$p = 4{,}5\,\%$
$Z = 751\,€$

$751 = 19\,000 \cdot \frac{4{,}5}{100} \cdot \frac{x}{360}$

$751 = 2{,}375x$

$x = 316{,}21$

Der Zeitraum beträgt 316 Tage.

8.3 Zinseszins

1

a) $K_0 = 2500\,€$ | $K_3 = K_0 \cdot q^3$ | In drei Jahren beträgt ihr Guthaben 2935,60 €
$p = 5{,}5\,\%$ | $K_3 = 2500 \cdot 1{,}055^3$
$n = 3$ Jahre | $K_3 = 2935{,}60\,€$

b) $Z = 2935{,}60 - 2500 = 435{,}60\,€$ Sie erhält 435,60 € Zinsen.

2

a) $K_0 = 10\,000\,€$, $K_4 = 12\,000\,€$

$q^4 = \frac{12\,000}{10\,000} = 1{,}2$

$q = 1{,}0466$

$p = 4{,}66\,\%$

Er erhielt 4,66 % Zinsen.

b) $K_0 = 10\,000\,€$, $K_4 = 14\,000\,€$

$q^4 = \frac{14\,000}{10\,000} = 1{,}4$

$q = 1{,}087757$

$p = 8{,}78\,\%$

Er hätte 8,78 % erhalten müssen.

3

a) $K_0 = 2000\,€$, $p = 3{,}5\,\%$, $n = 2$ Jahre 5 Mon.

$K_n = K_2 + Z$; $K_2 = 2000 \cdot 1{,}035^2 = 2142{,}45$

$Z = 2142{,}45 \cdot \frac{3{,}5}{100} \cdot \frac{5}{12} = 31{,}24$

$K_n = 2142{,}45 + 31{,}24 = 2173{,}69$

Sie hebt 2173,69 € ab.

b) Sie hat insgesamt: 2173,69 − 2000 = **173,69 €** Zinsen erhalten.

c) $G = 2000\,€$, $G^+ = 2173{,}69\,€$

$q = \frac{2173{,}69}{2000} = 1{,}086847$

$p = 8{,}68\,\%$

Ihr Guthaben ist um 8,68 % gestiegen.

8.4 Sparformen

1

Jahr	Anfangskapital	Zinssatz	Zinsen	Endkapital
1	17 500,00 €	5,75 %	1006,25 €	18 506,25 €
2	18 506,25 €	6,50 %	**1202,91 €**	19 709,16 €
3	19 709,16 €	7,25 %	1428,91 €	21 138,07 €
4	21 138,07 €	8,75 %	1849,58 €	**22 987,65 €**

Mit dem TR:
[1][7][5][0][0][+][5][6][7][5][2nd][%]
= 18 506,25
Zinsen ablesen: ≈ 1006,25

a) Das angesparte Kapital beträgt 22 987,65 €.

b) Am Ende des 2. Jahres werden 1202,91 € Zinsen gutgeschrieben.

c) $K_0 = 17\,500$ €
$K_4 = 22\,987{,}65$ €
$q^4 = \frac{22\,987{,}65}{17\,500} = 1{,}31358 \quad | \sqrt[4]{\ } \Rightarrow$ **$q \approx 1{,}07058$**

Sie hätte einen Zinssatz von 7,06 % vereinbaren müssen.

2

Jahr	Anfangskapital	Zinssatz	Zinsen	Endkapital
1	8000,00 €	5,25 %	**420,00 €**	**8420,00 €**
2	**8420,00 €**	**p_2**	547,30 €	**8967,30 €**
3	**8967,30 €**	**p_3**	**650,13 €**	9617,43 €

Berechnung der Zinssätze im 2. und 3. Jahr:

$p_2 = \frac{547{,}3 \cdot 100}{8420} =$ **6,5 %**

$p_3 = \frac{650{,}13 \cdot 100}{8967{,}30} =$ **7,25 %**

Der Zinssatz betrug im 2. Jahr 6,5 % und im 3. Jahr 7,25 %.

3

Pauls Kapitalentwicklung

Jahr	Anfangskapital	Zinssatz	Zinsen	Endkapital
1	4500,00 €	1,50 %	**67,50 €**	**4567,50 €**
2	**4567,50 €**	2,25 %	**102,77 €**	**4670,27 €**
3	**4670,27 €**	2,75 %	**128,43 €**	**4798,70 €**

Hans Kapitalentwicklung

Jahr	Anfangskapital	Zinssatz	Zinsen	Endkapital
1	4500,00 €		45,00 €	**4545,00 €**
2	**4545,00 €**		91,43 €	**4636,43 €**
3	**4636,43 €**	p_3	Z_3	4798,70 €

Berechnung von Z_3: Z = 4798,70 € − 4636,43 € = 162,27

Berechnung von p_3: $p_3 = \frac{162{,}27 \cdot 100}{4636{,}43} =$ **3,5 %**

Die Bank müsste Hans einen Zinssatz von 3,5 % gewähren.

4

a)

n	K_0 + Rate	7% Zinsen	Endkapital
1	4500 €	315,00 €	4815,00 €
2	4815,00 € + 4500 € = 9315 €	652,05 €	9967,05 €
3	9967,05 € + 4500 € = 14 467,05 €	1012,69 €	15 479,74 €
4	15 479,74 € + 4500 € = 19 979,74 €	1398,58 €	**21 378,33 €**

Nach 4 Jahren sind 21378,33 € angespart.

b)

n	K_0 + Rate	7% Zinsen	Endkapital
1	x	· 0,07	1,07x
2	1,07x + x	· 0,07	(1,07x + x) · 1,07
3	[(1,07x + x) · 1,07 + x]	· 0,07	20 000

Berechnung der Rate:

$[(1{,}07x + x) \cdot 1{,}07 + x)] \cdot 1{,}07 = 20\,000$

$x \cdot (1{,}07^3 + 1{,}07^2 + 1{,}07) = 20\,000$

$x \cdot 3{,}439943 = 20\,000$

x = 5814 €

Man müsste 5814 € zu Beginn jeden Jahres einzahlen.

5

n	K + Rate	7,5 % Zinsen	Endkapital
1	12x	· 0,075	12,9x (12x · 1,075)
2	12,9x + 12x	· 0,075	26,7676x
3	26,7676x + 12x	· 0,075	41,6751x
4	41,6751x + 12x	· 0,075	12 000

Berechnung der Monatsrate: 12 000 = 57,70x $\Rightarrow$ **x = 207,97**

Johannes müsste eine monatliche Rate von 208 € einzahlen.

8.5 Kreditformen

1

Tippfolge mit dem Taschenrechner: 50 000 [+] 4 [%] [−] 6000 [=] 46 000

↓ *Zinsen* ↓ *Restschuld*

Tilgungsplan:

Jahr	Restschuld zu Beginn des Jahres in €	Zinsen 4% In €	Rate 6000 €	Tilgung (Rate − Zins) in €	Restschuld zu Ende des Jahres in €
1	50 000,00	2000,00	6000	4000,00	46 000,00
2	46 000,00	1840,00	6000	4160,00	41 840,00
3	41 840,00	1673,60	6000	4326,40	37 513,60
4	37 513,60	1500,54	6000	4499,46	33 014,14
5	33 014,14	1320,57	6000	4679,43	28 334,71
6	28 334,71	1133,39	6000	4866,61	23 468,10
7	23 468,10	938,72	6000	5061,28	18 406,82
8	18 406,82	736,27	6000	5263,73	13 143,095
9	13 143,10	525,72	6000	5474,28	7668,82
10	7668,82	306,75	6000	5693,25	1975,57
11	1975,57	79,02	2054,59	1975,57	getilgt
Summe		12 054,58			

a) Die Restschuld nach 4 Jahren beträgt 33 014,14 €.

b) Im 7. Jahr betragen die Zinsen erstmals weniger als 1000 €.

c) Nach 6 Jahren ist die Hälfte des Darlehens getilgt.

d) Es wurden insgesamt 12 054,58 € Zinsen bezahlt.

2

Rückzahlungsbetrag: 18 · 120 € =	2160 €
Bearbeitungsgebühren	− 30 €
Zinsen	− 130 €
Kreditbetrag:	2000 €

Die Kredithöhe war 2000 €.

3

Kreditbetrag: 5800,00 €

Zinssatz: 5 % pro Jahr: $Z = \frac{5800 \cdot 5}{100} \cdot 2 = 580$ €

Laufzeit: 2 Jahre = 24 Monate

Bearbeitungsgebühren: 1 % von 5800 = 58 €

Berechnung der monatlichen Rate:

Rückzahlungssumme: 5800 + 1160 + 58 = 7018 €

monatliche Rate: 7018 : 24 = 292,42

Sabrina zahlt 23 Raten zu 292 €, die 24. Rate beträgt: 7018 − 292 · 23 = 302 €.

4

a) und b)

Darlehensbetrag	80 000 €
Jährliche Rückzahlungsrate	6000,00 €
Zinssatz	4,30 %

n	Restschuld zu Anfang des Jahres	Zinsen	Tilgung	Restschuld zu Ende des Jahres
1	80 000,00 €	3440,00 €	2560,00 €	77 440,00 €
2	77 440,00 €	3329,92 €	2670,08 €	74 769,92 €
3	74 769,92 €	3215,11 €	2784,89 €	71 985,03 €
4	71 985,03 €	3095,36 €	2904,64 €	69 080,38 €
5	69 080,38 €	2970,46 €	3029,54 €	66 050,84 €
6	66 050,84 €	2840,19 €	3159,81 €	62 891,03 €
7	62 891,03 €	2704,31 €	3295,69 €	59 595,34 €
8	59 595,34 €	2562,60 €	3437,40 €	56 157,94 €
9	56 157,94 €	2414,79 €	3585,21 €	52 572,73 €
10	52 572,73 €	2260,63 €	3739,37 €	48 833,36 €
11	48 833,36 €	2099,83 €	3900,17 €	44 933,19 €
12	44 933,19 €	1932,13 €	4067,87 €	40 865,32 €
13	40 865,32 €	1757,21 €	4242,79 €	36 622,53 €
14	36 622,53 €	1574,77 €	4425,23 €	32 197,30 €
15	32 197,30 €	1384,48 €	4615,52 €	27 581,78 €
16	27 581,78 €	1186,02 €	4813,98 €	22 767,80 €
17	22 767,80 €	979,02 €	5020,98 €	17 746,81 €
18	17 746,81 €	763,11 €	5236,89 €	12 509,93 €
19	12 509,93 €	537,93 €	5462,07 €	7047,85 €
20	7047,85 €	303,06 €	5696,94 €	1350,91 €
21	1350,91 €	58,09 €	1409,00 €	

Test

1

G = 760 Schüler

p = 4 %

Berechnung von G^+:

$G^+ = 760 \cdot 1{,}04 = 790{,}4$

Es sind heute 790 Schüler.

2

$G^- = 80{,}40\,€$

$p_1 = 20\,\% \Rightarrow q_1 = 0{,}8$

$p_2 = 25\,\% \Rightarrow q_2 = 0{,}75$

Berechnung von G:

$G = \frac{80{,}40}{0{,}8 \cdot 0{,}75} = \mathbf{134}$

Die Skistiefel kosteten im Dezember 134 €.

3

$K = 5760\,€;\; K_1 = 5990\,€$

a) Berechnung der Zinsen: $Z = 5990 - 5760 = \mathbf{230\,€}$
Sie erhält 230 € Zinsen.

b) Berechnung des Zinssatzes: $p = \frac{230 \cdot 100}{5760} = 3{,}99 \approx \mathbf{4{,}0\,\%}$
Der Zinssatz betrug 4,0 %.

c) Berechnung der Zinsen für 240 Tage: $Z = 5760 \cdot \frac{4}{100} \cdot \frac{240}{360} = \mathbf{153{,}60\,€}$.
Für 240 Tage hätte sie 153,60 € erhalten.

4

$K_0 = x$

$p = 6{,}75\,\%$

$K_n = 5623{,}71\,€$

$n = 2$ Jahre 5 Mon.

$K_2 = x \cdot 1{,}0675^2 = 1{,}13956x$

$Z = K_2 \cdot \frac{6{,}75}{100} \cdot \frac{5}{12} = 1{,}3956x \cdot 0{,}0675 \cdot \frac{5}{12} = 0{,}03205x$

$K_n = K_2 + Z = 1{,}13956x + 0{,}03205x = 1{,}17161x$

$\Rightarrow 5623{,}71 = 1{,}17161x \Rightarrow \mathbf{x = 4799{,}98}$

Das Anfangsguthaben betrug 4800 €.

5

Sparrate: 250 €

$p = 5{,}2\,\%$

$n = 5$ Jahre

$K_5 = 250 \cdot (1{,}052^5 + 1{,}052^4 + 1{,}052^3 + 1{,}052^2 + 1{,}052) = 250 \cdot 5{,}83623$

$\mathbf{K_5 = 1459{,}06}$

oder über eine Tabelle:

n	K_0 + Rate	· 1,052	K_n
1	250	250 · 1,052	263
2	263 + 250	513 · 1,052	539,68
3	539,68 + 250	789,68 · 1,052	830,74
4	830,74 + 250	1080,74 · 1,052	1136,94
5	1136,94 + 250	1386,94 · 1,052	1459,06

Der Betrag lautet 1459,06 €.

6

a) Tilgungsplan

	Darlehensbetrag		150 000,00 €	
	Jährliche Rückzahlungsrate		15 000,00 €	
	Zinssatz		8,2 %	
n	K_0	Zinsen	Tilgung	K_n
1	**150 000**	**12 300**	**2700**	**147 300**
2	**147 300**	**12 078,60**	**2921,40**	**144 378,60**
3	**144 378,60**	**11 839,05**	**3160,95**	**141 217,65**

b) Es wurden bereits 2700 + 2921,40 + 3160,95 = **8782,35 €** getilgt, das sind $p = \frac{8782{,}35 \cdot 100}{150\,000} = 5{,}85\,\%$ der Gesamtdarlehenssumme.

c) Es wurden 12 300 + 12 078 + 11 839,05 = **36 217,05 €** Zinsen bezahlt.

9 Zufall und Wahrscheinlichkeit

9.1 Zufallsversuche

1

Ereignis	Zufallsgeräte
a) Ziehung der Lottozahlen	Lostrommel
b) Wahl der Spielrichtung beim Fußball	Münze

2

Ist es Zufall, bei den folgenden Spielen zu gewinnen? Begründe

Spiel	Ja / Nein	Begründung
a) Mikado	Nein	Geschicklichkeit ist entscheidend.
b) Poker	Ja / Nein	Die Karten, aber auch eine gewisse Risikobereitschaft entscheiden.
c) Schwarzer Peter	Ja	Die Karte zu ziehen ist Pech.
d) Schach	Nein	Strategie entscheidet das Spiel.
e) Kniffel	Ja	Reines Würfelglück.
f) Mensch ärgere dich nicht	Ja	Vorwiegend Würfelglück.

3

Die Wahrscheinlichkeit, das kurze Streichholz zu ziehen, ist unabhängig davon, dass Amelie gestern bereits abgetrocknet hat. Ihre Chance ist 1:5. Sie könnte also mit 20%iger Wahrscheinlichkeit das kurze Streichholz ziehen und auch heute abtrocknen müssen.

9.2 Wahrscheinlichkeit

1

a) Die Wahrscheinlichkeit, das Feld mit der 1 zu treffen, ist $\frac{1}{4} = 25\,\%$.

b) Die Wahrscheinlichkeit, das rote Feld zu treffen ist $\frac{1}{4} = 25\,\%$, das blaue Feld zu treffen ist $\frac{1}{2} = 50\,\%$.

2

Die Wahrscheinlichkeit, die Seite 111 oder die Seite 11 aufzuschlagen ist jeweils $\frac{1}{600} = 0{,}17\,\%$.

3

Die Wahrscheinlichkeit, dass die letzte Ziffer eines Loses richtig ist, beträgt $\frac{1}{10}$ = **10 %**.
Die Wahrscheinlichkeit für die beiden letzten Ziffern ist $\frac{1}{100}$ = **1 %**.

4

In dem Loseimer befinden sich insgesamt 550 Lose. Die Wahrscheinlichkeit, einen Gewinn zu ziehen, beträgt $\frac{150}{550} \underbrace{=}_{\text{gekürzt mit 50}} \frac{3}{11}$ = **27,3 %**.

5

Wenn Peter zieht, sind nur noch 7 Kugeln im Behälter. Seine Chance ist 1 : 7 = **14,3 %**, die weiße Kugel zu ziehen.

6

Anzahl der gezogenen Kugeln	blau	rot	grün	gelb	Rest
	12	5	7	1	5

a) Am häufigsten könnten die Kugeln mit der Farbe blau sein.
b) Die roten und grünen Kugeln sind vermutlich gleich oft im Strumpf.
c) Die Frage ist nicht entscheidbar.

7

	Wahrscheinlichkeit	Prozentanteil
a)	$\frac{1}{8}$	**12,5 %**
b)	$\frac{3}{4}$	**75 %**

	Wahrscheinlichkeit	Prozentanteil
c)	$\frac{75}{250}$	**30 %**
d)	$\frac{1}{32}$	**3,125 %**

8

Von 49 Kugeln sind bereits 5 gezogen ⇒ es sind noch 44 Kugeln in der Lostrommel. Die Wahrscheinlichkeit für eine 7 ist $\frac{1}{44}$ = **2,3 %**.

9.3 Ereignisse

1

5 Mitspieler halten insgesamt $5 \cdot 12 = 60$ Karten auf der Hand. Ein Spiel hat 80 Karten. Es bleiben noch 20 Restkarten auf dem Stapel.
Im Spiel sind 4 Elfer, also ist die Wahrscheinlichkeit, eine Elf zu ziehen $\frac{4}{20} = \frac{1}{5} = $ **20 %**.

2

Mögliche Ergebnisse mit zwei Würfeln:

	1	2	3	4	5	6
1	1/1	1/2	1/3	1/4	1/5	1/6
2	2/1	2/2	2/3	2/4	2/5	2/6
3	3/1	3/2	3/3	3/4	3/5	3/6
4	4/1	4/2	4/3	4/4	4/5	4/6
5	5/1	5/2	5/3	5/4	5/5	5/6
6	6/1	6/2	6/3	6/4	6/5	6/6

Die Wahrscheinlichkeit, einen Pasch zu würfeln ist $\frac{6}{36} = \frac{1}{6} \approx$ **16,7 %**.

3

a) Die Anzahl der günstigen Ergebnisse ist: {2, 4, 6}, mögliche Ergebnisse sind {1, 2, 3, 4, 5, 6}.
Die Wahrscheinlichkeit eine gerade Zahl zu würfeln ist: $\frac{3}{6} = \frac{1}{2}$.

b) Mögliche Ergebnisse für das Ereignis „Summe der Augenzahlen zweier Würfel größer als 10" sind
5 + 6 = 11
6 + 5 = 11
und 6 + 6 = 12.

1.Würfel →						
2.Würfel ↓	1	2	3	4	5	6
1	2	3	4	5	6	7
2	3	4	5	6	7	8
3	4	5	6	7	8	9
4	5	6	7	8	9	10
5	6	7	8	9	10	11
6	7	8	9	10	11	12

Die Wahrscheinlichkeit mit zwei Würfeln als Summe der beiden Augenzahlen eine Zahl größer als 10 zu würfeln ist $\frac{3}{36} = \frac{1}{12}$.

4

Mögliche Ergebnisse für Würfe mit drei Münzen:

Möglichkeiten	1	2	3	4	5	6	7	8
1. Münze	Z	Z	Z	Z	W	W	W	W
2. Münze	Z	Z	W	W	W	W	Z	Z
3. Münze	Z	W	W	Z	W	Z	W	Z

a) $P(ZZZ) = \frac{1}{8} = 12{,}5\,\%$ b) $P(\text{min ein W}) = \frac{7}{8} = 87{,}5\,\%$

c) $P(\text{max. zwei gleiche Zeichen}) = \frac{6}{8} = \frac{3}{4} = 75\,\%$

9.4 Schätzen von Wahrscheinlichkeiten

1

Zufallsversuch „Würfeln einer 6“

Würfelaugen: ⟶	1	2	3	4	5	6
60 Versuche	17	11	5	12	12	3
Relative Häufigkeit	0,283	0,183	0,083	0,2	0,2	0,05
120 Versuche	23	24	18	13	17	25
Relative Häufigkeit	0,192	0,2	0,15	0,108	0,142	0,208
360 Versuche	57	62	60	61	63	57
Relative Häufigkeit	0,158	0,172	0,167	0,169	0,175	0,158
Gerundet auf 2 Stellen	0,16	0,17	0,17	0,17	0,18	0,16

Max hatte einfach nur Pech. Die relative Häufigkeit zeigt, dass sich die Werte immer ähnlicher werden, je höher die Anzahl der Würfe ist.

2

Tabelle mit den Trainingsleistungen:

Name	Erzielte Tore	Versuche	Relative Häufigkeit
Jan	25	40	25 : 40 = 0,625
Sinan	13	26	13 : 26 = 0,5
Torsten	17	25	17 : 25 = 0,68
Mani	21	35	21 : 35 = 0,6
Giovan	18	27	18 : 27 = 0,667

Aus der relativen Häufigkeit der „glücklichen Ergebnisse“ (=Tor) kann der Trainer ablesen, dass Torsten (knapp) die höchste Trefferquote hat und ihn einsetzen.

3

a) Absolute Häufigkeit

b) Relative Häufigkeit

c) Wahrscheinlichkeit

d) Relative Häufigkeit

4

a) 12 : 50 = 0,24 = 24 %

b) Wenn die Wahrscheinlichkeit ein Wort mit e am Ende zu treffen 24 % beträgt, so müsste die Anzahl der Wörter so geschätzt werden:
64 : 24 % = 267 Wörter.

9.5 Ungünstige Ergebnisse – Gegenereignis

1

Die Wahrscheinlichkeit eine 1 zu würfeln ist $\frac{1}{6}$.
Die Wahrscheinlichkeit keine 1 zu würfeln ist demnach $1 - \frac{6}{36} = 1 - \frac{1}{6} = \frac{5}{6}$.

2

Keine der angegebenen Wahrscheinlichkeiten ist korrekt. Die Wahrscheinlichkeit, keinen Pasch zu würfeln, ist $1 - \frac{1}{6} = \frac{5}{6}$ = 83,3 %
Vergleiche dazu die Tabelle Seite 167 zu Aufgabe 2.

Test

1

	Zufallsereignis	Zufallsgerät
a)	Los ziehen	Lostrommel
b)	„Mensch ärgere dich nicht“ spielen	Würfel
c)	„Schwarzer Peter“ spielen	Karten
d)	Billard spielen	Ist kein Glücks-, sondern ein Geschicklichkeitsspiel.

2

Summe der Kugeln: 7, davon 3 rote.
Die Wahrscheinlichkeit, eine rote Kugel zu ziehen, ist $\frac{3}{7}$ = 42,9 %.

3

Mögliche Ergebnisse beim dreimaligem Münzenwurf:

1. Wurf	Z	Z	Z	Z	W	W	W	W
2. Wurf	Z	Z	W	W	W	W	Z	Z
3. Wurf	Z	W	W	Z	W	Z	W	Z

Es gibt nur ein günstiges Ergebnis, also ist die Wahrscheinlichkeit, dreimal Wappen zu werfen: $\frac{1}{8}$ = **12,5 %**.

4

Bei 500 Losen mit 50 Gewinnen ist die Wahrscheinlichkeit, einen Gewinn zu ziehen $\frac{50}{500} = \frac{10}{100} = \frac{1}{10}$ = **10 %**.

a) Man sollte annehmen, dass Ilona bei 15 Losen wenigstens einen Gewinn hätte ziehen müssen, doch leider spielt das Glück oft nicht mit.

b) Nun verbleiben 500 − 15 = 485 Lose mit 50 Gewinnen in der Trommel; die Chancen stehen mit 50 : 485 = 10 : 97 = **10,3 %** nur unwesentlich besser.

5

a) Die glücklichen Ergebnisse sind: 5 + 6; 6 + 5 und 6 + 6, also $P(> 10) = \frac{3}{36} = \frac{1}{12} \approx$ **8,3 %**.

b) Die glücklichen Ergebnisse sind: 1 + 1; 1 + 2; 1 + 3; 2 + 1; 2 + 2 und 3 + 1, die Wahrscheinlichkeit ist also $\frac{6}{36} = \frac{1}{6} \approx$ **16,7 %**.

c) Die Wahrscheinlichkeit mit zwei Würfeln ein Produkt mit dem Wert 4 zu würfeln ist $\frac{3}{36} = \frac{1}{12}$ (4 · 1; 2 · 2 und 1 · 4).

d) Die Wahrscheinlichkeit mit zwei Würfeln ein Produkt größer als 1 zu würfeln ist $\frac{35}{36}$.
(Gegenereignis: $1 - \frac{1}{36} = \frac{35}{36}$)

6

Augenzahl	1	2	3	4	5	6
Absolute Häufigkeit	3	15	21	14	17	10
relative Häufigkeit	**0,0375**	**0,1875**	**0,2625**	**0,175**	**0,2125**	**0,125**

7

	Ereignis	Gegenereignis
a)	„Würfle eine 1"	**Würfle keine 1**
b)	„Ziehe eine rote Kugel „	**Ziehe keine rote Kugel**
c)	„Würfle zwei Zahlen, deren Produkt kleiner 4 ist"	**Würfle zwei Zahlen, deren Produkt größer oder gleich 4 ist**
d)	„Würfle keine 6"	**Würfle eine 6**